艺术设计专业系列丛书

“互联网+”新形态一体化教材

扫一扫
学习资源库
微课视频
教学计划
教学课件

版式设计

BANSHI
SHEJI

主 编 白 雪 陶玉涓 李 源
副主编 刘 焱 文晓丹

航空工业出版社
北 京

内 容 提 要

本教材主要包括版式设计概述、版式设计视觉原理、版式设计构成、版式设计视觉元素的表现、版式设计的应用与延伸（应用）几部分，通过对版式设计的内涵、原理、方法、应用等方面的阐述，与许多不同类型案例的版式设计实例相结合，既可以更好地帮助读者巩固所学知识，又可以开阔读者的视野与思维，对版式设计产生一些深度思考，引导读者了解和体验设计中视觉要素、构成要素的表现特点，提高读者对版面的把握能力，加深读者对版式设计的理解。本教材不仅适合艺术设计专业的学生使用，也可作为设计爱好者的参考用书。

图书在版编目（CIP）数据

版式设计 / 白雪，陶玉涓，李源主编 .— 北京：航空工业出版社，2021.10（2025.1 重印）

ISBN 978-7-5165-2609-5

Ⅰ. ①版⋯ Ⅱ. ①白⋯ ②陶⋯ ③李⋯ Ⅲ. ①版式—设计 Ⅳ. ① TS881

中国版本图书馆 CIP 数据核字（2021）第 204254 号

版式设计
Banshi Sheji

航空工业出版社出版发行
（北京市朝阳区京顺路 5 号曙光大厦 C 座四层　100028）
发行部电话：010-85672666　010-85672683　读者服务热线：010-85672635

中煤（北京）印务有限公司　　全国各地新华书店经售
2021 年 10 月第 1 版　　2025 年 1 月第 3 次印刷
开本：889×1194　1/16　　字数：258 千字
印张：9.5　　定价：59.80 元

PREFACE

前言

从教 17 载，如白驹过隙，最近几年，有些事促发了我的思考：首先，服装专业的学生们，平时都能做出精美绝伦的成衣，但毕业设计的展示版面还可有较大的提升空间；其次，环艺等专业的老师关心一个问题，就是除了视觉传达设计专业的学生之外，希望开设版式设计的通选课，向所有设计专业普及；另外，我的系列“版式设计”通关课程，在 2017 年第一次线上开放的时候，来自 40 多个学校不同专业的 800 多名学生选择了该课程，这让我对版式设计这一门专业基础课受关注的程度，印象异常深刻。

编写本教材，亦是配合重庆市重点教改项目“基于‘SPOC’模式的艺术设计类在线开放课程效能实证研究”课题，为提升教学质量，进行一线教学改革的探索之举。

该课题紧跟国家教育方针的引领，以学生为导向，引导学生自主学习，得到各位专家的重视和帮助，采用目前最新的“SPOC”模式进行艺术类课程的线上线下混合教学，探索教学新模式，落实提升在线课程效能的研究，为努力创建“一流课程”打下坚实基础。

本教材通过对版式设计的内涵、原理、方法、应用等方面的阐述，结合众多案例的分析，希望能带给读者一些对版式设计的深入思考。

版式设计从来都不仅仅是纸上的形式，它存在于任何与设计视觉相关的媒介中。大数据时代来临，膨胀的信息量使人们更加依赖梳理和筛选，优化信息传递的效能和质感；同时，随着广大人民精神文化需求和审美素养的普遍提升，高“颜值”经济蓬勃而兴，也对版式设计提出了更高的要求，这也是编写本书的初衷。

书中所含在线课程《版式通关设计》在 2018 年由我的团队陆续创建完成。

编者能力有限，难免有所疏漏，请广大读者批评指正，以便进一步修订和完善。

此外，本书作者还为广大一线教师提供了服务于本书的教学资源库，有需要者可致电 13810412048 或发邮件至 2393867076@qq.com。

白　雪

课时安排

章名	章节内容	课时分配	
第一章 版式设计概述	第一节　版式设计的概念	2	6
	第二节　版式设计常识与规范	2	
	第三节　版式设计的工具软件	2	
第二章 版式设计视觉原理	第一节　视觉元素构成	4	12
	第二节　视觉设计法则	8	
第三章 版式设计构成	第一节　网格系统	4	20
	第二节　版式设计的基本构成形式	15	
	第三节　自由版式设计	1	
第四章 版式设计视觉元素的表现	第一节　文字	4	16
	第二节　图片	4	
	第三节　色彩搭配	4	
	第四节　风格表现	4	
第五章 版式设计的应用与延伸	第一节　传统媒介中的版式设计	2	6
	第二节　新媒介中的版式设计	2	
	第三节　空间中的版式设计	2	

CONTENTS 目录

CHAPTER 1

“一览了然”——版式设计概述

CHAPTER 2

“洞若观火”——版式设计视觉原理

CHAPTER 3

“通权达变”——版式设计构成

CHAPTER 4

“信手拈来”——版式设计视觉元素的表现

CHAPTER 5

“大象无形”——版式设计的应用与延伸

CHAPTER

1

版式设计概述

『一览了然』

本章概述

本章由版式设计概念、多元化的版式设计演变，版式常识与行业规范及相关工具软件介绍等内容构成，注重对版式设计概念与规范等基础知识的介绍，帮助学生充分地认识版式设计相关概念。

学习目标

通过本章的学习，学生了解版式设计的常识规范，理解由媒介变化促使的版式设计形式的演变与发展，引发传统与新媒介语境对照下对设计的思考。

第一节　版式设计的概念

课前思考：为什么徐冰的《天书》是纯艺作品，不是视觉传达作品？

▲ 图 1-1-1　徐冰作品《天书》

图 1-1-1 为徐冰作品《天书》，2016 年于美国得克萨斯大学奥斯汀分校布兰顿美术馆展览。

一、什么是版式设计

【词语】版式。

【解释】版式设计是个多义词，也称为版面编排，英译为 Layout 或 format design，是指在一定幅面中为实现某种目的，利用设计要素，处置其大小、颜色、形状等，是一种有效利用有限空间的布局方式和规划行为。

日本设计理论家、教育家日野永一认为：“根据目的把文字、插图、标志等视觉设计的构成要素，作美观的功能性配置构成，即为版面设计。”

设计教育的先驱、包豪斯设计学院的创始人格罗皮斯认为，“设计师的职责是把生命注入标准化批量生产出来的产品中”，并非搞纯艺术可以“自嗨”，而是充分诠释商业设计的本质，设计出满足社会大众需要的商品。

从视觉传达设计专业的角度看，就是指设计师根据设计整体和视觉需求，在预先设定好的有限版面内，运用造型要素和形式构成法则，将文字、图形及色彩等视觉传达信息要素进行有组织、有目的的排列组合（图 1-1-2）。

Quimera

'La trama nupcial' entre la vigencia y superación de los códigos románticos

Bienvenido 1965: ya se puede visitar 'La Menesunda' de Marta Minujín

'Es posible porque es posible' en PROA

La proximidad emocional de Sufjan Stevens

Nada para exponer: muestra de arte con salas vacías

MACRO

Gli scrittori nel mirino

▲ 图 1-1-2　英文时报排版

二、版式设计再认识

在信息技术和传媒技术快速发展的今天，社会环境已逐步演变为超级图像时代。视觉是最主流的信息接收渠道，新媒介使得信息传播更加多元化。视觉传达设计中的传统平面设计（二维）早已向着三维，甚至四维不断伸出触手，努力促成在视觉图形范围内的多维度表达。传统的版式设计应用范围很广，涉及书籍、报纸、包装、唱片封套、广告招贴等，可以说只要有平面设计的地方就有版式存在。而当下新媒体占据了人们视觉焦点的位置，网络和智能手机终端的兴起让网页界面设计、APP 界面设计等 UI 领域的发展如虎添翼（图 1-1-3 至图 1-1-10）。

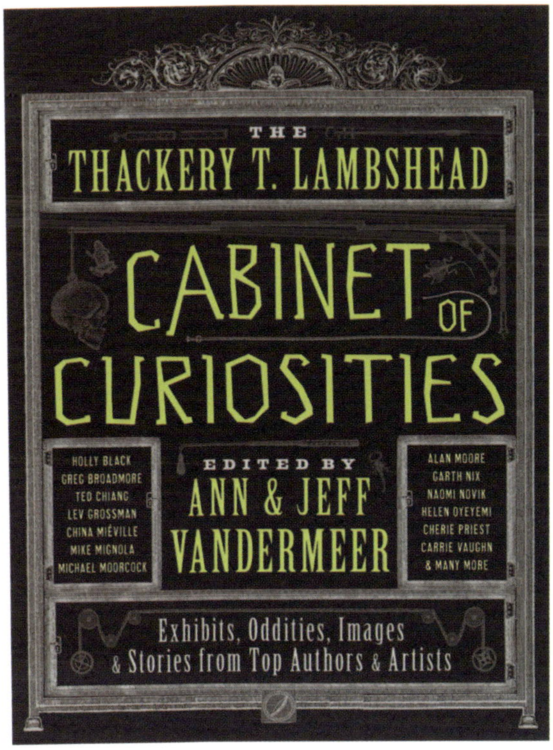

▲ 图 1-1-3　萨克雷·T. 兰布海德所著书籍封面

▲ 图 1-1-4　期刊版式设计

▲ 图 1-1-5　科普类书籍版式设计

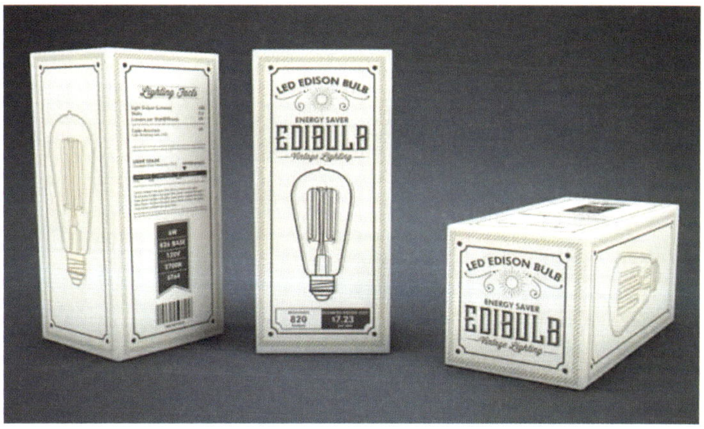

▲ 图 1-1-6　电灯泡包装版式设计

▲ 图 1-1-7　Lee 版式设计

▲ 图 1-1-8　杂志版式设计

PUBLISHED BI-WEEKLY ■ ISSUE NO. 706 ■ MAY 23, 2014 ■ 3.00RMB

YOUR WEEK IN CHINA'S CAPITAL

今日北京 BEIJING TODAY

HTTP://BEIJINGTODAY.COM.CN/

Ministry Gives Cold Shoulder to Bum Schools

Counterfeiters Win in China's Diploma Craze

Beijing Music Day 2014 Wraps Up

A Plan For Poverty

City Seeks to Stamp Out Qunzufang in Crackdown

BY ZHAO HONGYI

IMAGINE

▲ 图 1-1-9 《今日北京》英文版版式设计

图 1-1-9 注：北京青年报社集团旗下唯一综合性英文媒体周刊《今日北京》(*Beijing Today*)，通过互联网及移动互联网终端为读者提供最佳的阅读体验。官网每周将其新闻纸媒上的独家新闻报道内容更新至线上，每个新闻故事也在 Beijing Today 的社交媒体上同步进行分享。在一些国外知名媒体平台上，Beijing Today 的独家报道拥有上千万读者。

October 19-25, 2018 | europe.chinadaily.com.cn

CHINA DAILY
中国日报 EUROPEAN WEEKLY

INSIDE
When snakes grow fat p18
Volume of China's trade stays stable p26

STAYING ON TRACK
China's monetary and fiscal measures expected to keep growth steady amid ongoing trade friction
See story on page 6

Young consumers get into the spirits

By XU JUNQIAN in Shanghai

For Huang Qifang, the highlight of her wedding banquet in 2015 was not the luxurious feast at the JW Marriott hotel in Shanghai, nor showing off the Korean-style wedding photos she spent tens of thousands of yuan on.

Rather, it was the sight of a solitary bottle of Macallan 12-year single malt whisky that was on one of the 20 tables. It is customary for newlyweds to demonstrate their gratitude to guests by serving premium alcohol at the banquet. The most common option is baijiu.

"Almost everyone was taking photos of the bottle and posting it on their social networks, calling me the first and coolest bride they have seen to offer whisky to guests," said Huang.

"And it was only priced at 380 yuan ($55; 48 euros; £42) a bottle back then, much cheaper than the Wuliangye (Chinese liquor) I put on the other 19 tables," added the 33-year-old Shanghai native.

Huang and her husband — both of whom used to work in the food and beverage sector in Shanghai — are avid drinkers, spending an average of 6,000 yuan on wine and spirits every month, with whisky accounting for

See INTO THE SPIRITS page 16

Consumption of brown drinks is slowly gaining ground in China
PROVIDED TO CHINA DAILY

SONG CHEN / CHINA DAILY

VOL 9-NO 336 ISSN 2045-7065

pressreader

▲ 图 1-1-10 《中国日报》(*China Daily*) 欧洲版 20181019 期封面

随着媒介的不断更新，多维视觉发展的时代价值正日益凸显，良好的交互式体验过程，以及对大众情感诉求和多元化审美的充分满足，使其成为现代设计“为人而设计”的必然趋势。

这种数字化的媒介表现拓展了版式界面上的内涵和外延，并给版式设计提供了新的契机，促使版式迭代、升级、蜕变，版式也一改传统静止的二维画面，变得动态、丰富、立体，使得界面版式更具感染力，让用户浏览起来更加有趣、高效。所以，新媒介中界面版式的创新应该特别注意艺术表现和媒介特征的融合，特别是动态化呈现、用户体验、交互技术等方面的融合，版式设计被时代赋予了丰富的表征（图 1-1-11 至图 1-1-19）。

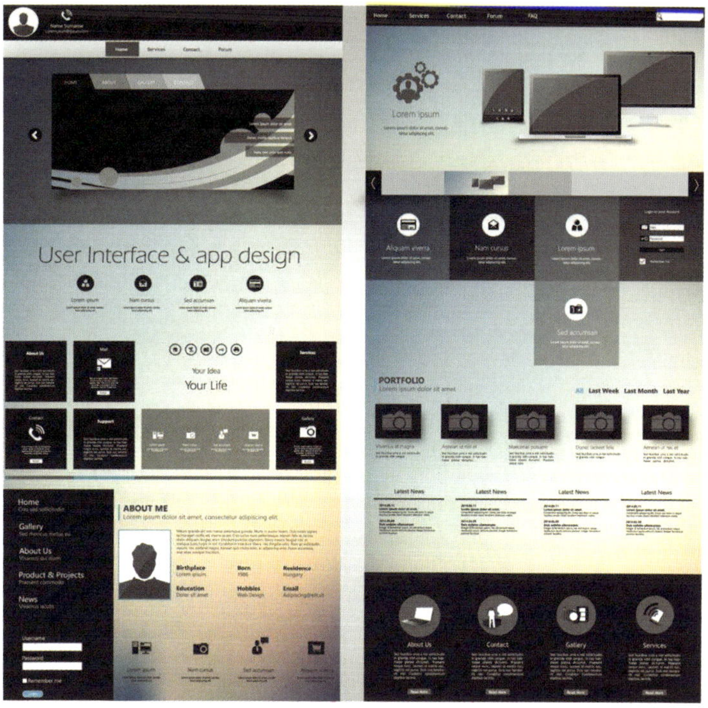

▲ 图 1-1-11 APP 用户界面版式设计

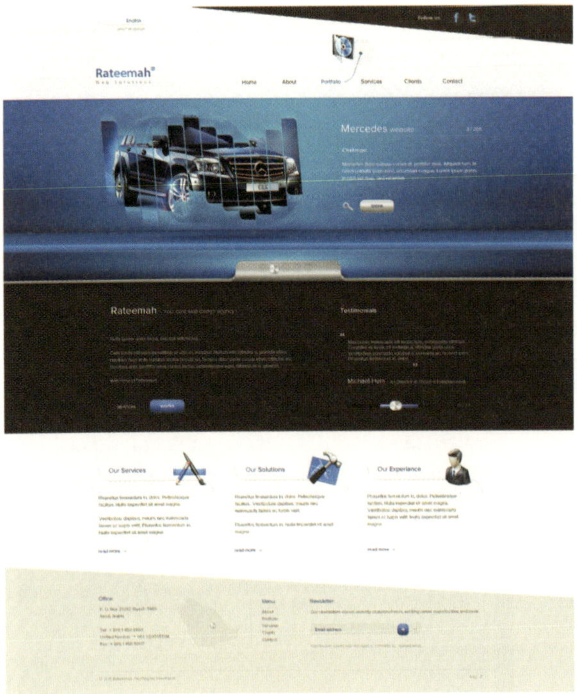

▲ 图 1-1-12　网站界面版式设计（一）

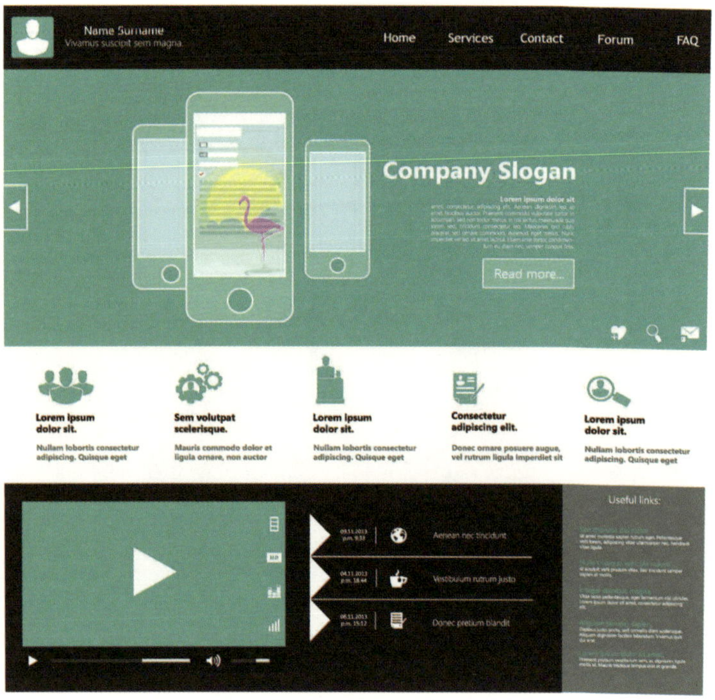

▲ 图 1-1-13　网站用户界面版式设计（二）

▲ 图 1-1-14　网站用户界面版式设计（三）

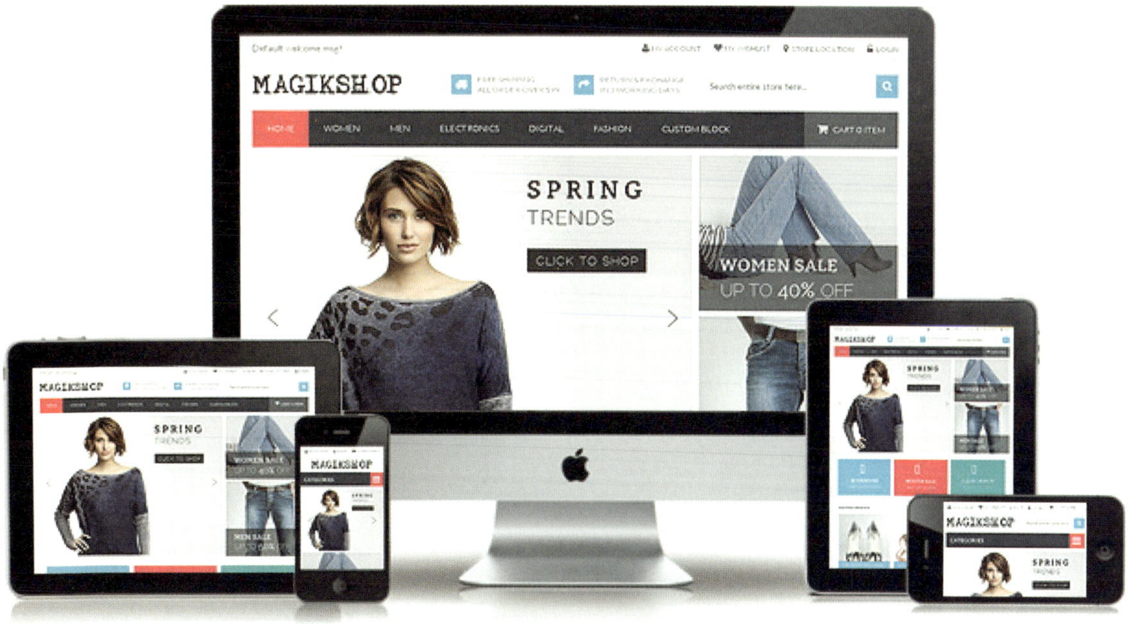

▲ 图 1-1-15　视觉移动终端界面版式设计（一）

▲ 图 1-1-16　视觉移动终端界面版式设计（二）

▲ 图 1–1–17　网站界面版式设计（四）

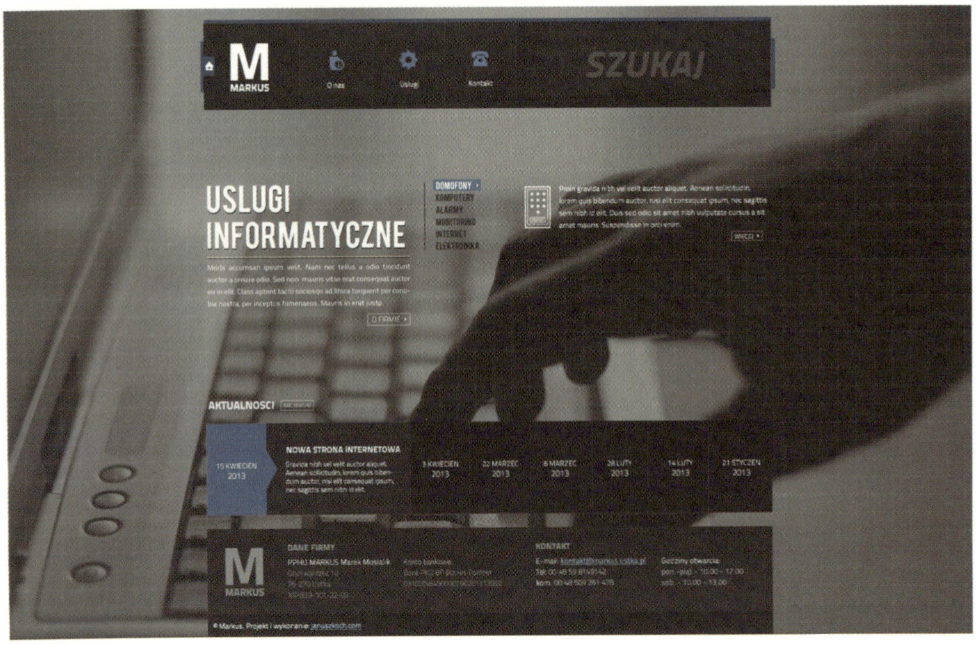

▲ 图 1–1–18　视觉移动终端界面版式设计（三）

▲图 1-1-19　网站界面版式设计（五）

对设计师或感兴趣者而言，版式设计的定义无疑应该是更加开放和包容的。所以，既要看到传统媒体与新媒体版式设计两者之间的共同点，又要认识到两者存在的差异性。不同媒体的版式设计应在发挥其传播方式的优势方面，对传统意义上的版式设计进行重新认识，拓展版式设计的空间，向多元化方向发展，为不同受众带来全新的视觉体验。

三、什么是媒介

广义的媒介，指凡是能使人与人、人与事物或事物与事物之间产生联系或发生关系的物质，都可称之为媒介。

在传播学意义上（狭义上），广告媒介指利用媒质存储和传播信息的物质工具。加拿大文学批评家、传播学家、传播学媒介环境学派一代宗师马歇尔·麦克卢汉认为，“媒介即信息”。同时“媒介”也成了一个职位，媒介专员、媒介策划、商务媒介等职位。

媒介包括两方面要素：一是包容媒质所携带信息或内容的容器，如书（甲骨、竹简、帛书、纸书）、相片、录音磁带、电影胶片、录像带、影音光盘等；二是用以传播信息的技术设备、组织形式或社会机制，包括通信类（驿马、电报、电话、传真、电子邮件、可视电话、移动电话等），广播类（布告、报纸、杂志、无线电、电视等）和网络类三大类（图 1-1-20 至图 1-1-23）。

▲ 图 1-1-20 《兰亭序》竹简

▲ 图 1-1-21 甲骨文兽骨

▲ 图 1-1-22　石刻铭文

▲ 图 1-1-23　视觉终端界面

在当代社会，一般而言，媒介指机械印刷书籍、报刊、无线电、电视和互联网等，它们都是用以向大众传播信息或影响大众意见的大众传播工具，都是传播信息的媒介。

在网络上有个很有意思的例子。美国作家克莱·舍基说：“媒介是你如何知道朋友生日聚会在何时何地举行；如何了解德黑兰发生了什么，中国的茶叶价格多少；媒介就是你是如何知道 10 米之外在发生什么事情……”这些看似简单的例子，其实囊括了两个重要的、有启发意义的变化：第一，媒介是什么不再仅仅由媒介机构来定义，而是由媒介使用者来界定；第二，新闻信息与社交信息正在汇聚到消费者那里，且一并被消费。

（一）传统媒介中的版式

版式设计离不开媒介的支持，选择不同的承载物，版式设计的形式也会呈现出不同的表现形态。版式设计中的主要元素，例如文字或图形，能够确切地记录当时的文化片段或某种观念、意识，并与当时的社会生产与生活产生紧密联系。而对承载物的版式设计则配合信息的传达，实现便于阅读理解、美观、秩序感等功能形式。了解传统媒介的版式设计对于全面了解版式特征和发展具有不可忽视的作用，版式设计属于艺术设计的其中一个分支，是平面设计进行视觉表达的有效方式之一，它绝不仅仅是关于书籍、文字的编排，实际上它是一种设计的基础技能。在传统美学和技术工艺的影响之下，版式设计呈现出风格各样的形态，通过案例分析不同传统媒介中的版式设计特点，可以全面了解版式的特点。

传统的平面设计常见的形式有招贴海报、书籍、DM 单页、报纸、杂志等纸媒体，也有户外广告、车身、路牌、电视等其他形态，这与当时社会文明的发展息息相关，可以说，版式设计的形式反映了主流媒体和受众的审美趋势（图 1-1-24 至图 1-1-29）。

▲ 图 1-1-24　2017 年亚洲影像论坛海报招贴

▲ 图 1-1-25　深圳国际海报节获奖作品

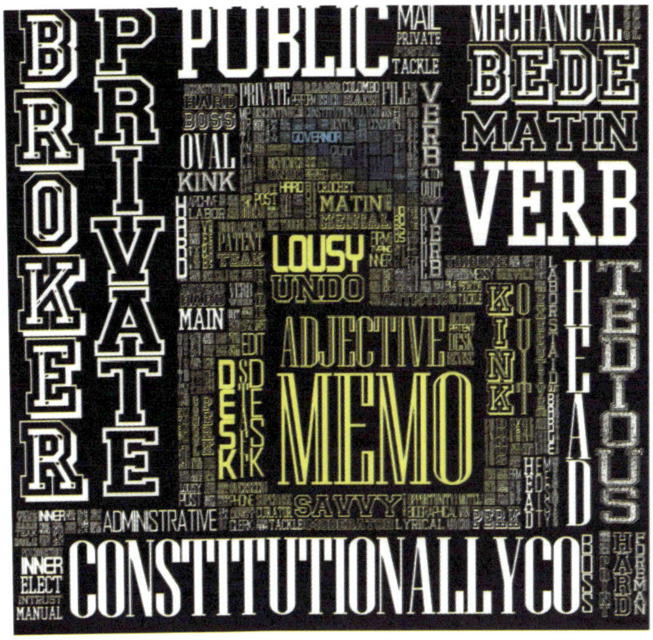

▲ 图 1-1-26　书籍封面

Corns, Bunions and Warts.
Angel's Oil.
Pasteur's Death to Microbes.
Camphor Cold Cream.
Dr. Walter's Celebrated Eye Water.

▲ 图 1-1-27　报刊内页

▲ 图 1-1-28　户外路牌灯箱广告中的版式

▲ 图 1-1-29　户外站牌灯箱广告中的版式

（二）新型媒介中的版式

随着人类文明的进程和工艺技术的不断革新以及新型媒介的不断涌现，版式设计的承载物从单一的纸媒跨越到数字多媒体的互动；版式设计方式已经逐渐从手工排版发展到数字信息化设计，从传统的印刷设计转化到虚拟的数字信息传播；从静态的版式转向了动态元素的传达；从传统二维平面设计演绎到多维的立体空间场景。这些变化映衬出版式设计的视觉演化方式的历史进程。

现在是各种媒体整合的时代，互动传媒有着极大的发展潜力。因此，对传统媒体和新媒体的版式设计的比较研究具有重要的现实意义。目前的新媒介（New Media）通常是一个比较宽泛的术语，不同的时期有不同时期的新媒介，也可称之为“新媒体”。这里的“新”，是相对的“新”，也有专家提出：“只有媒体构成的基本要素有别于传统媒体，才能称得上是新媒体。否则，最多也就是在原有基础上的变形或改进提高。”“目前的新媒体应该定义为在电信网络基础上出现的媒体形态——包括使用有线和无线通道的方式。”还有学者把新媒体定义为“互动式数字化复合媒体”。结合版式设计新媒介主要包含网页版式设计、移动端界面版式设计、IPTV（即交互网络电视界面）以及时下流行的热门媒体、微博、新播客界面版式设计等（图 1-1-30、图 1-1-31）。

▲ 图 1-1-30　IPTV 交互网络电视界面中的版式

▲ 图 1-1-31　户外站牌灯箱广告中的版式

四、版式设计的作用与意义

版式设计的最终目的是根据客户的需求进行合理的文字与图形的编排，以达到最直接、快速、有效的信息传递，使主题鲜明、突出，增强读者的注目度与理解力。版式设计的本质是完成信息功能化与艺术化的过程。文字及图形的可识别性和准确性，体现了信息的功能诉求；调整层次、韵律、节奏等审美内容体现了信息的艺术诉求，最终服务于用户，服务于人的需求。这也是设计的初衷和存在的理由。版式设计，为的是要将信息美观、有序地传达给受众。

准确、鲜明才能便于阅读，能够让受众感知到美。一个合理的、成功的版式设计，力求让受众能够理解表达内容，更好地接受文字或图形所表达的内容，不会造成阅读障碍。要达到如此效果，设计者需要明确受众是谁，其年龄、心理、审美趋向、文化背景等因素，并延伸到与受众的阅读环境相吻合。比如在领带的包装设计中。如何对于系领带的步骤做出准确而合理的阐述，在版式设计时，要尽量考虑匹配图形表达动作步骤，此时图形在阅读的准确性上将远远超过文字表述。同时，杂乱的内容、无意识的排版会使受众不知道从何处读起，会对阅读造成障碍。好的版式设计一定会尊重受众的感受，市场上因为版式过丑、阅读困难而导致受众终止阅读的案例屡见不鲜。

五、版式设计的发展

在历史的长河中，版式设计随着每一次的艺术运动也在发生风格的演变。版式设计的历史发展进程大致可分为 4 个阶段。

第一阶段为 19 世纪末 20 世纪初。此时的版式设计在不断的探索性试验的基础上逐渐形成体系，主要代表为“工艺美术”运动、格拉斯哥学派、维也纳分离派、德国“青年风格”运动以及最具影响力的“装饰艺术”运动（图 1-1-32 至图 1-1-34）。

▲ 图 1-1-32　第一阶段时期的版式风格（一）

注：作者杰西·贝叶斯（Jessie Bayes，1876-1970），英国“工艺美术”运动时期艺术家。

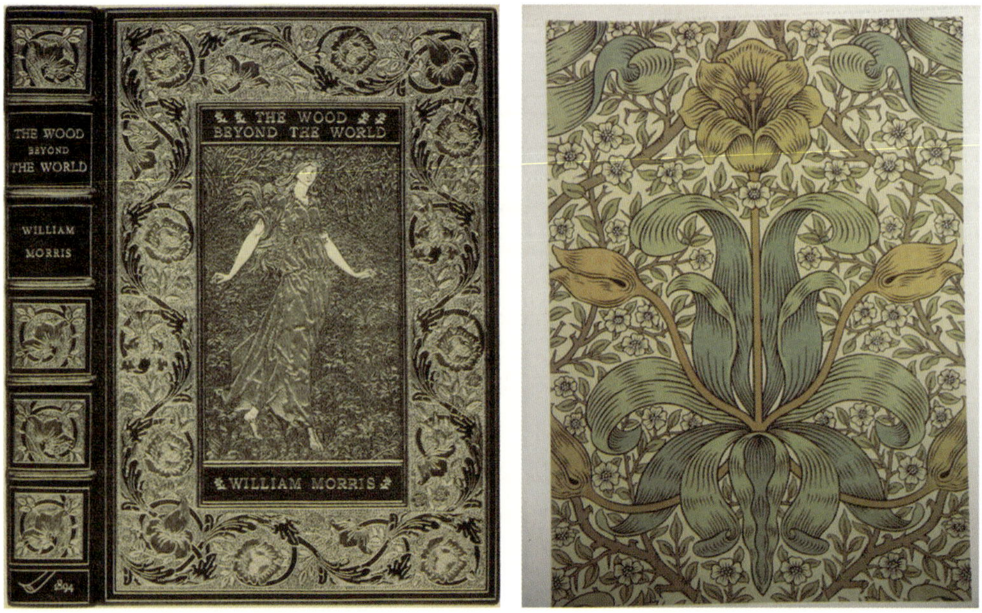

▲ 图 1-1-33　第一阶段时期的版式风格（二）

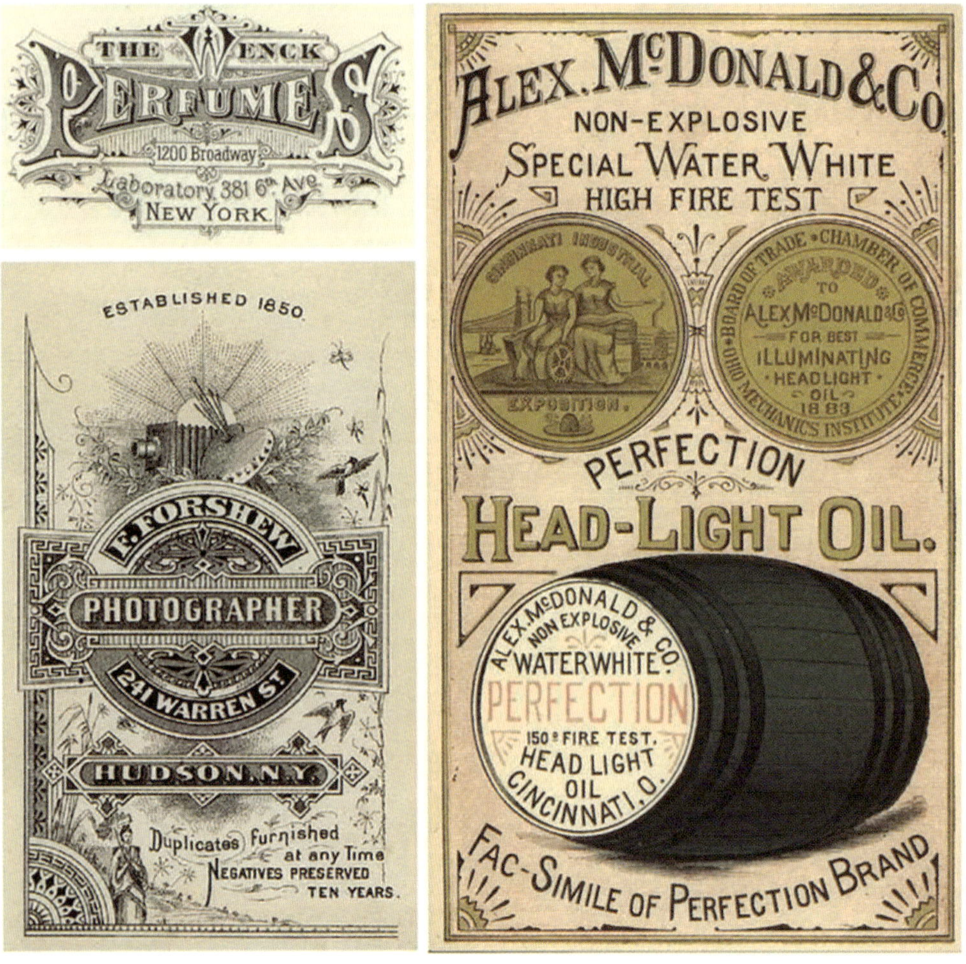

▲ 图 1-1-34　第一阶段时期的版式风格（三）

第二个阶段是从 20 世纪初到 40 年代末，期间俄国的构成主义、荷兰风格派、德国包豪斯现代设计运动为主流的时期。“包豪斯”是德文 Bauhaus 的音译，原是 1919 年在德国魏玛成立的一所工艺美术学校的名称。包豪斯不单指某种设计风格，而是一种思潮，核心思想是“由几何形体以及特定的排列形式，如重复、渐变、特异等”。简约是包豪斯的最高设计原则，摒弃了多余装饰，线条明朗，造型简洁但变化多样，设计简约而不简单是其最大的亮点（图 1-1-35）。

▲ 图 1-1-35　第一阶段时期的版式风格

第三阶段为第二次世界大战后，即20世纪50~70年代，“国际主义”平面设计风格风靡全球。受第二次世界大战影响，大量设计师从欧洲各国流入美国，将欧洲的现代主义和美国富裕的社会状况结合起来，形成了一种新的设计风格。1927年，美国的菲利浦·约翰逊在德国斯图加特市威森霍夫现代住宅建筑展上发现了这种新兴的风格。他认为这种风格以后会在国际上流行，因此将他称为国际主义风格。该风格在20世纪六七十年代发展成熟，直到20世纪80年代才逐渐消退，涉及设计的很多方面，包括平面设计、产品设计、室内设计等。国际主义平面设计特点为：通过最简单的网格结构和近乎标准化的版面公式达到设计上的统一性。这种风格，无论字体还是图片，都安排在框架中，因而通常采用方格网为设计基础，排版上往往出现简单的纵横结构，字体采用无饰线体。这样的设计风格达到了高度的、毫无修饰的、易读的、客观的视觉传达目的（图1-1-36、图1-1-37）。

第四阶段为从20世纪70年代开始并延续至今的“后现代主义”设计风格。后现代不仅是一个时间性的概念，而且是一种价值系统，是一种文化精神，以“人”为中心意象，摆脱了现代主义对功能性、效率性的追求，而添加了幻想、情感、非理性等因素（图1-1-38）。

▲ 图 1-1-36　第三阶段时期的版式风格（一）

▲ 图 1-1-37　第三阶段时期的版式风格（二）

▲ 图 1-1-38　第四阶段时期的版式风格

版式设计是现象学中的经典问题"功能与形式"高度统一的绝佳渠道，体现了现代设计的精髓，是本专业课程及技能基础中的基础，设计中的核心，是现代视觉设计师必备的基本功之一。

第二节　版式设计常识与规范

一、开本

【词语】开本。

【解释】开本指书刊幅面的规格大小，即一张全开的印刷用纸裁切成多少页。

在版式编排中，开本的选择需要符合设计主题的特点。例如，小型开本能让读者耳目一新，用打破常规的手法将一方世界收纳进衣袋之中，便携性和亲切感尤为突出（图 1-2-1）。

▲ 图 1-2-1　小型开本

大开本的选择则可以为藏书增添高雅的气度和历史的沉淀感。

在版式设计中，开本选择的匠心不仅能增加设计的个性，而且引导着读者审美观念的多元化发展。当然，"适应读者的需要"始终应是开本设计最重要的原则。

小知识

按当下的主流观点，书籍设计要体现设计者和书籍本身的个性，只有贴近内容的设计才更有表现力。脱离了书籍本身，设计也就失去了意义。设计本身无法脱离阅读对象的需要去"闭门造车"，同时要考虑经济成本、市场趋势、读者审美等多方面因素。

在实际生产中，通常将幅面为 787 × 1092 毫米（31 × 43 英寸）的全张纸称为正度纸；将幅面为 889 × 1194 毫米（35 × 47 英寸）的全张纸称为大度纸。未经裁切的的纸称为全张纸，将全张纸对折裁切后的幅面称为对开或半开；把对开纸再对折裁切后的幅面称为四开；把四开纸再对折裁切后的幅面称为八开，以此类推（图 1-2-2、图 1-2-3）。

常见纸张开切和图书开本尺寸（单位：毫米）

纸张开切

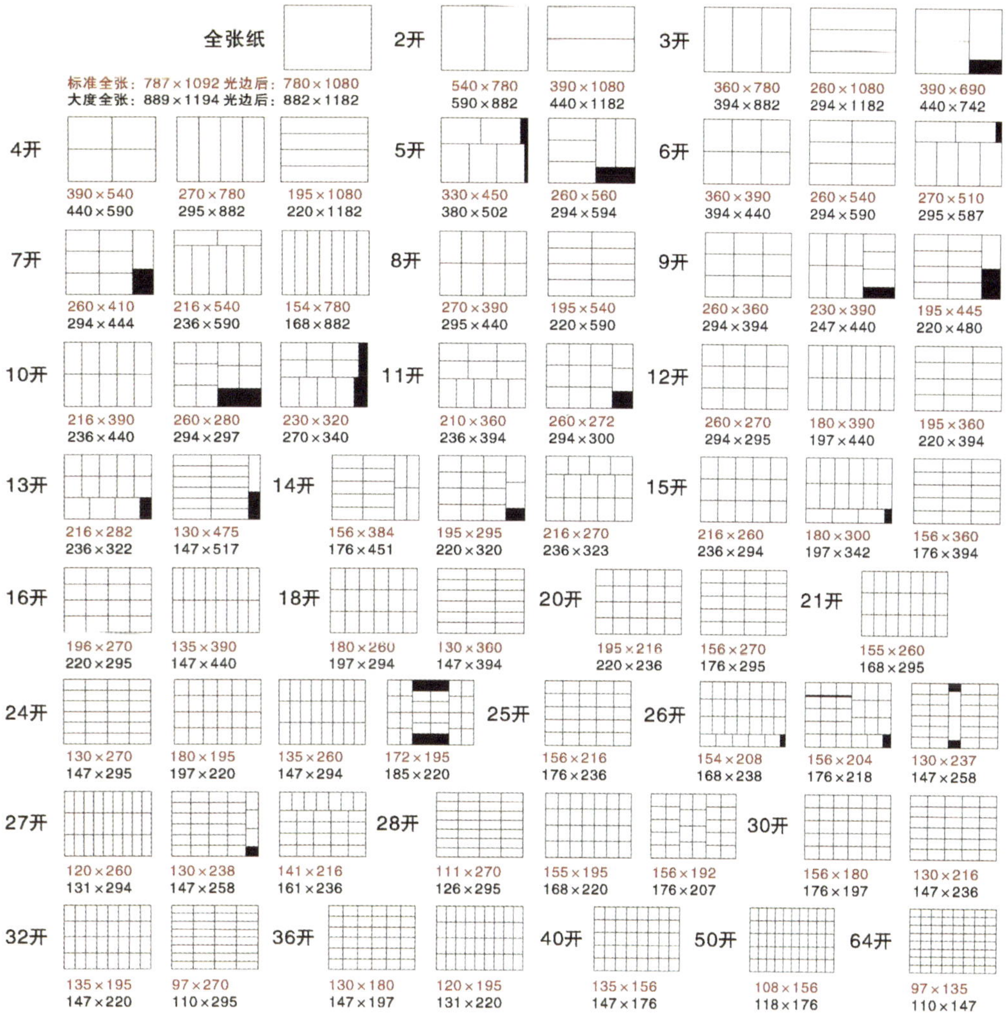

图书开本（净）

16开：135×195　　18开：168×252　　20开：184×209　　24开：168×183
32开：130×184　　36开：126×172　　64开：92×126　　长32开：（787×960×1/32）=113×184
大16开：（889×1194×1/16）=210×285　　大32开：（850×1168×1/32）=140×203

注：所有开张尺寸均为纸张上机尺寸。

▲ 图 1-2-2　常见纸张开切和图书开本尺寸参考

▲ 图 1-2-3　开本尺寸对照图

小知识

787×1092 毫米纸张的开本是我国自行定义的，与国际标准不一致，因此是一种需要逐步淘汰的非标准开本。

二、版心与版面率

【词语】版心。

【解释】书刊等每面排印文字、图形的部分，即每页版面正中的位置，也有“版口”一说。通俗地说，版面上去除周围空白区域，剩下的以文字和图形为主的部分就是版心（图 1-2-4）。版心是版面上的主要区域，基本上处于版面的正中位置，古籍中往往还印有刻工姓名。

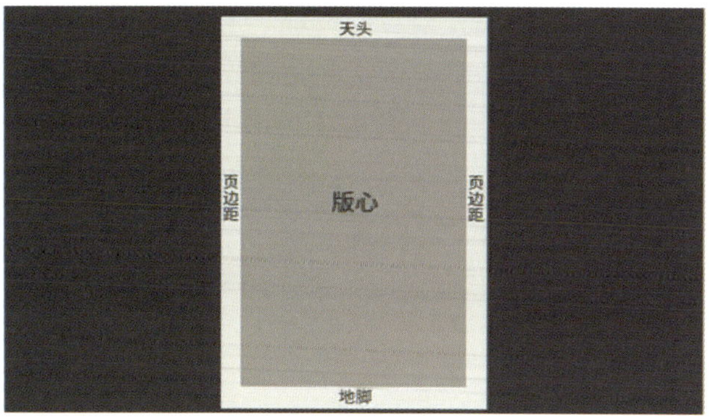

▲ 图 1-2-4　版心示意图

小知识

版心通常有用作对折准绳的黑线和鱼尾形图案，有的还印有书名、卷数、页码及本页字数，明代以前，版心下方版口、版心、鱼尾、四周单边、双边等是古籍印前设计的重要组成部分，是古籍的主要特征之一。

在传统书籍版式设计中，不同体裁的书籍在版心处理上也有相应变化。例如：理论书籍的版心周围边距可以略宽，便于读者在空白处做批注和记录；字典、手册类较厚的典籍则可以尽量利用纸张，白边也应留得小一些；精装画册或文集、典藏类高档书籍可增加留白，能增强书籍的贵重感和视觉通透感（图 1-2-5、图 1-2-6）。

▲ 图 1-2-5　书籍内页留白（一）

小知识

“空”与其说是留白，不如说是在空间布局、材质选择、印刷技巧等其他方面做了更多尝试，最终于精心揣度之下，得到了“空”的境界。正如中国传统水墨画对留白的运用，也是整体布局的一部分。

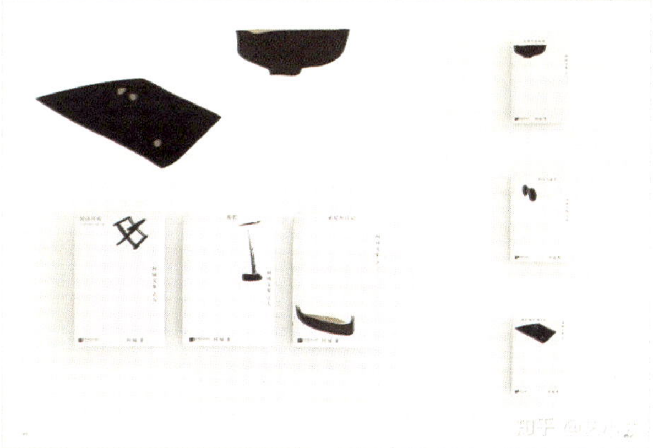

▲ 图 1-2-6　书籍内页留白（二）

传统的版面在设置版心时，遵循着相当严格的规范，历史记载早在 13 世纪西方还没有统一度量工具的时候，就开始利用几何学原理对版心进行设置。在现代设计中，对于版心的标准不再参考绝对的规范，电脑技术的普及也为版心设置提供了更直观、便捷的帮助。比如，现代设计中“版心”的概念可以延伸至可视区；再如，PC 端的网页中的主体内容区域或移动端的手机界面可视区等。

小知识

较厚书籍在版式设计时要避免翻页时订口处的隆起，造成版心缩进，影响阅读。

【词语】版面率。

【解释】版面率就是版心所占页面的比例，通俗一点讲就是版面的利用率。版心的面积大则留白的区域少，版面率就大；反之，版心面积小则留白的区域多，版面率就小（图 1-2-7）。

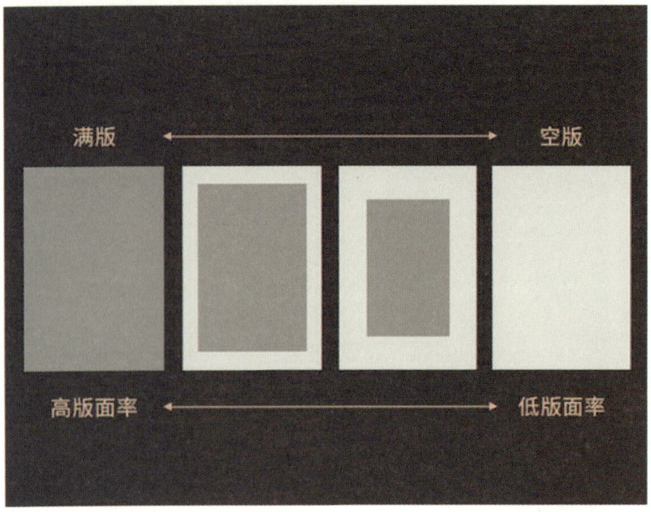

▲ 图 1-2-7　版面率示意图

三、出血

【词语】出血。

【解释】“出血”指印刷时为保留画面有效内容而预留出的方便裁切的部分。这是一个常用的印刷术语，也是印刷制作中的一个必要程序。主要表现是：加大版面外尺寸图案，在裁切位加一些图案的延伸，专门给各生产工序在其工艺公差范围内使用。

一般出血标准为 3 毫米，主要用于在印后裁切时防止图文部分被裁掉（图 1-2-8）。凡是需要印刷出品的设计稿都要遵照这一规范。

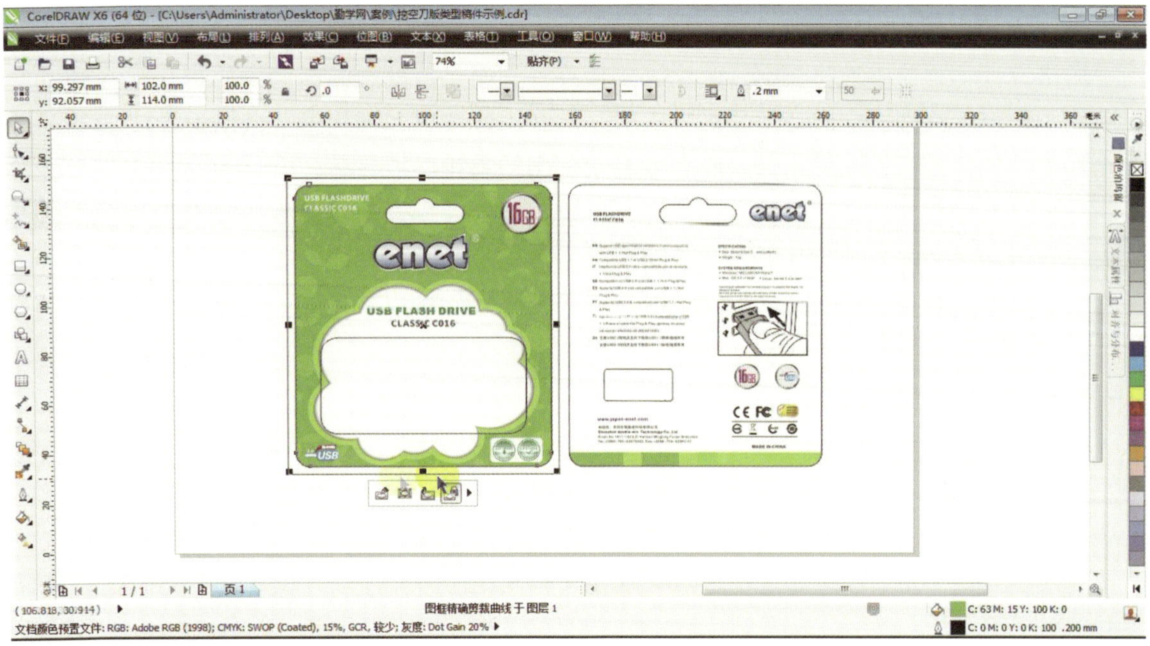

▲ 图 1-2-8　出血示意图

小知识

版式设计时不考虑"出血"，如果文字或图形过于靠边就很容易被裁到；反之，如果文字或图形离边缘较远，理论上来说不受影响。

四、对齐

【词语】对齐。

【解释】版式设计之初，就是进行主次划分和排布，将散乱的文字与图形排列整齐是现代编排的雏形，其中最常运用到的对齐技巧就是居中、居左、左右、斜切等。另外，也可以借助栅格系统辅助对齐的规律，此处的栅格系统也被称为网格化系统。

（一）什么是网格化版式设计

网格化的版式设计产生于 20 世纪初的欧洲，完善于 20 世纪 50 年代的瑞士，是现代主义设计思潮发展的产物。网格化的版式设计有一套科学而严谨的规范化操作办法，类似于运用某种规律或公式得出设计者想要的编排效果。随着计算机技术的不断发展，网格化的版式设计也成为当前极为常见的一种主流设计。

网格化的版式设计是一种运用固定的格子设计版面的方法，即在一个有限的、固定的平面上，用水平线和垂直线（虚拟的线，"参考线"），将平面划分成有规律的一系列"格子"（虚拟的格子），并依托这些格子，或以格子的边线为基准线，按照一定的视觉原则在网格内分配文字、图片、标题等元素，来进行有规律的版面布局。

（二）网格化的优势与特点

栅格设计不是简单地将文字、图片等要素并置，而是遵循画面结构中的相互联系而发展出来的一种形式法则。它的特征是重视比例、秩序、连续感和现代感。栅格设计成功的关键在于在周详的计划内，纵横划分版面的关系和比例。当我们把技巧、感觉和栅格这三者融合在一起灵活而创造性地进行设计时，就会产生精美大方、令人印象深刻的版面，并在整体上给人一种清新感和连续感，具有与众不同的统一效果。同时，设计工作也因此更加方便，设计者不会再因图与图之间的距离，或文字与图之间的关系等方面的原因而苦恼。

（三）如何实现

栅格的设置是版式设计的重点之一。所谓栅格，就是设计物料在视觉表现上的规矩、框架。所有页面的版式设计都应在一定的规矩内完成，只有这样，在视觉外观上才会具有整体的统一感。当然，不能是所有的设计都千篇一律，要有变化，但不管怎么变，都要沿着这条栅格主线，遵循一定的原则，这样才既有统一又有变化。后文在版式设计基本类型中对此会有具体案例的介绍。

第三节　版式设计的工具软件

俗话说的好，"工欲善其事，必先利其器"，排版工具对设计者非常重要，版式的演化过程其实就是排版工具的一部进化史。

一、InDesign

Adobe 公司的 InDesign 是当下使用范围较广的图形图像编辑及排版软件，它可以达到专业级的色彩还原效果，文件输出方式也十分灵活，例如 PDF、HTML 等文件格式，是跨媒体出版的领航者。该软件的功能非常强大，从图形图像绘制、高保真色彩还原，到排版输入打印等，都能轻松实现。对于有 PhotoShop 基础的人来说，学习 InDesign 相当简单，毕竟同一家公司平台出品的软件，在界面和快捷操作上有许多相似的地方（图 1-3-1）。

▲ 图 1-3-1　InDesign

二、CorelDRAW

Corel 公司的 CorelDRAW 是一款非常出色的矢量图形设计软件，在全球范围内有相当广泛的使用者，由于 CorelDRAW 界面工作区分配合理、操作简单，在我国很多制版和设计制作类公司里都极为常见（图 1-3-2）。

以上两款软件适用于对图像要求较高，且图片较多的情况。

三、PageMaker

Adobe 公司的 PageMaker 是目前图书发行公司较为主流的排版软件之一，它对使用者有印刷、排版、出菲林片等相关专业知识要求。PageMaker 的特色包括能输出 PDF 及 HTML 文件，图层管理、色彩管理功能强，图文链接、表格制作功能独特，与 InDesign 相比各有特色。该软件一般较多运用在图文或广告公司、杂志社等，图文编排操作简单、易上手，但也是非常容易出错的排版软件（图 1-3-3）。

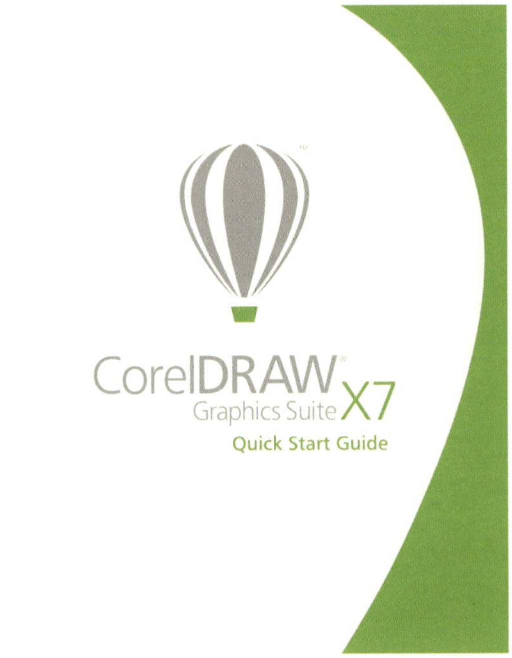

▲ 图 1-3-2　CorelDRAW

▲ 图 1-3-3　PageMaker

四、Publisher

Microsoft 公司的 Publisher 是 Office 的一个子办公软件，对于经常使用 Word 的人群来说，Publisher 是很容易上手的，因为 Office 系列软件的界面极其相似。该软件擅长处理以文字类型为主、图片较少的书籍、期刊等（图 1-3-4）。正规的出版物是需要出胶片印刷的，必须要用正规的排版软件，否则出片的公司无法使用。

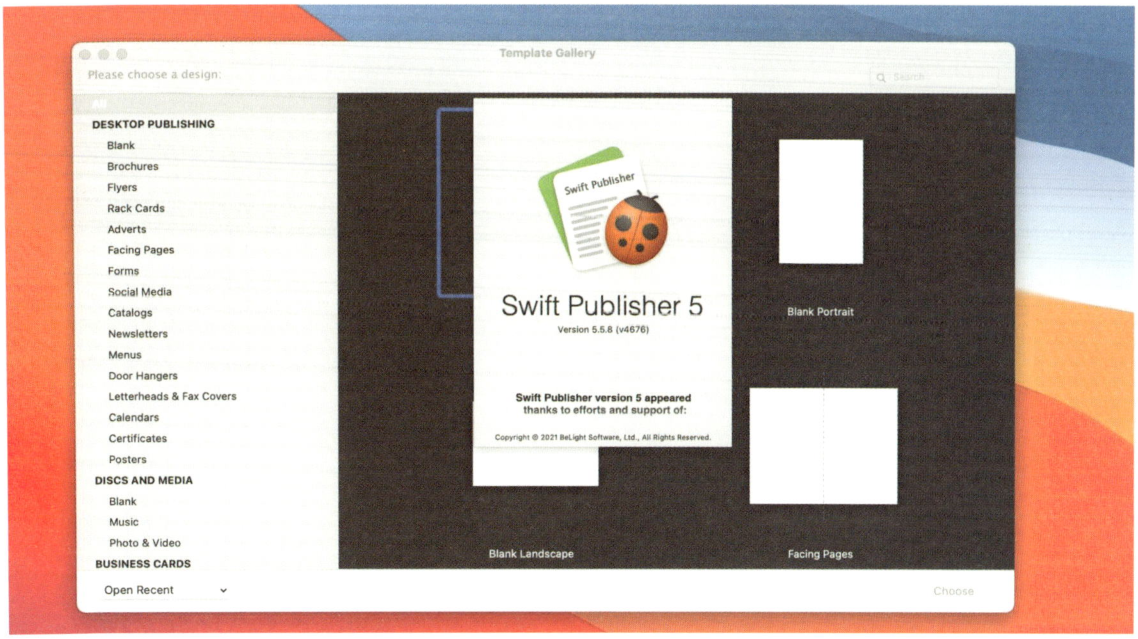

▲ 图 1-3-4 Publisher

五、其他排版软件

一般正规的排版软件还有以下几种：Quark 公司的 QuarkX-press、北大方正公司的 FIT（飞腾）、蒙泰排版软件、文渊阁排版软件等。QuarkXpress 特色包括自动备份及存储功能、组页功能，可输出 EPS，可用渐变填充图形等；方正飞腾主要擅长排纯文字，中文处理功能较强，能满足中文的各种禁排要求，图形绘制功能强、底纹多、变换功能强，适用中文字多、图文混排复杂的版面。

小知识

字体在版式设计中的重要性不言而喻，处理排版的第一步是为设计选择合适的字体，你可以尝试字体编辑器等众多小插件来实现。

本章小结

“每一个设计都是一个 Solution（解决方案）”，这是坊间对于设计的学术定义。设计的目标不仅是人类感觉器官能感知的“物”——产品，而是为了满足人的需求，这是设计的宗旨。

以互联网和移动屏幕终端的新兴媒介与新媒介的数字技术为支撑的新媒体时代，用户改变了传统接收信息的模式，通过视觉、可触摸或滑动界面来自主性浏览信息，传统的纸媒体、平面化载体逐渐被取代，这种数字技术拓展了版式的内涵和外延，并给版式设计提供了新的契机。版式设计在形式上突破了传统的单一承载，使静止的二维画面变得动态、立体，使界面版式更具有感染力、更高效，用户体验感更有趣。所以，版式的创新应该特别注意艺术与技术的融合，特别是与交互技术的融合。作为设计师，可大胆预测在新媒介中版式设计的发展趋势与方向。

课后习题

1. 请列举版式设计中字体的选择技巧？
2. 版式设计中的“出血”作用是什么？
3. 通过对版式设计风格的学习，请思考是否还有其他的版式设计风格，并说明原因？

CHAPTER

2

『洞若观火』——版式设计视觉原理

| 本章概述 |

本章包括两方面内容：一是讲解版式设计中的基本视觉构成要素，包括“点”“线”“面”及其综合构成，掌握相关运用技巧；二是根据视知觉原理，讲解视域、视重、视觉流程在版式设计中对受众的影响及其设计法则。

| 学习目标 |

通过本章的学习，让学生能够了解点、线、面等要素在版式设计中的作用及构成法则，掌握不同视域给受众的心理效应，明确视觉重心和视觉流程的重要性，并能够将所学内容运用至设计实践中。

第一节　视觉元素构成

一、点

【词语】点。

【解释】点是视觉中心，也是力的聚集中心；点的概念是相对的，它在对比中存在，大的点有向面发展的趋势。版面上的点包括所有小的图形、文字等元素，当画面中有一个点时，受众的视线往往容易集中到这个点上，能够产生聚集的视觉效果。点有一种跳跃感，会使人产生对球体的弹性联想；点有一种生动感，使人产生对星光、植物种子的联想；点的重复而有序的排列，会在视觉上给人以音乐感、节奏感的视觉感受；点的疏密排列，会带来模糊空间近大远小的视觉效果。

1. 点的分类

点按照造型，可以分为规则的点和不规则的点。规则的点包括圆点、方点、三角点等（图 2-1-1）；不规则的点是指没有规律可循、自由造型的点（图 2-1-2）。版面中，无论是图形或文字，只要缩小到一定程度，都可以产生不同形态的点。

▲ 图 2-1-1　规则的点

▲ 图 2-1-2　不规则的点

2. 版式设计中点的视觉效应

（1）单一的点具有集中与凝固视线的效果；图 2-1-3 是比利时某杂志的封面，在他们的封面设计中把标题放置了在页面中间，但与其他杂志不同的是，他们直接把标题掩盖在模特的脸部，阻隔了模特和观众的交流，创造出一种神秘感。设计旋涡的中央设计出一个圆点，既凝固了受众的视线，又凸显了此次展览"探索未知"的主题。

（2）存在两个以上的点时，视觉上会产生动的感觉；越大的点越容易引起受众注意。图 2-1-4 是设计师靳埭强的海报作品，海报中上下两个造型和色彩对比鲜明的点，既增强了画面的对比与活跃感，又让受众的目光集中在海报的下方。

（3）点的连续会产生节奏、韵律和方向的感觉；图 2-1-5 是为成都"知"美术馆的开幕展览所设计的 banner（横幅），使用了与 logo（标志）中相同造型的点，并通过点的大小变化营造出了画面的层次和节奏感。

（4）点的位置不同，产生的视觉效应不同。居上会带来不稳定感；居下会使画面有沉淀、安静的感觉，如果面积较小则不容易被人发现；居中会使人感觉到平静、稳定、集中的效果。

▲ 图 2-1-3　杂志封面设计

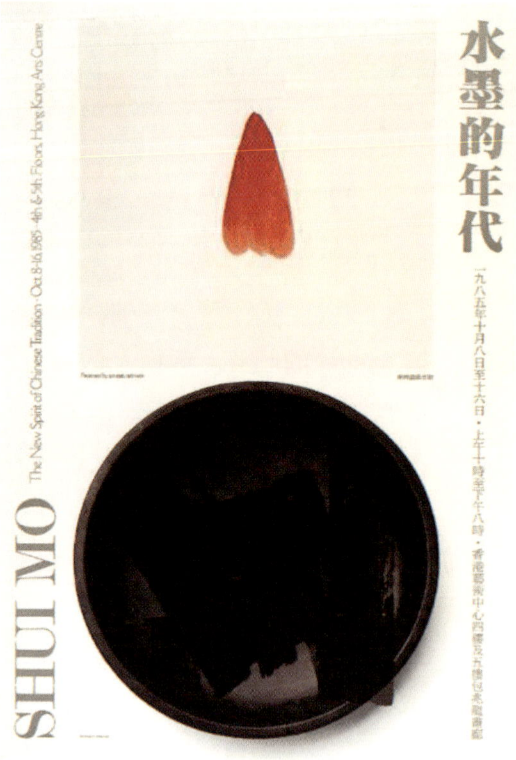

▲ 图 2-1-4　靳埭强的海报设计

▲ 图 2-1-5　“知”美术馆 banner

3. 版式设计中点的作用

点作为版面中重要的视觉要素，较小的点具有强调作用，点的缩小起着强调和引起注意的作用，而点的放大有强烈之感，它们注重形象的强调和表现，给人以情感上和心理上的量感。例如，在版面中一个文字、一个页码、一块色彩、一个引导标识，或者是其他的视觉符号元素，这些都可以吸引观者和受众的视线，不同大小以及方位的点会给人不同的视觉感受。点能够起到平衡画面的作用，在版面中心点的使用能给人沉静、稳重的视觉感受，而有着一定运动方向的点的排版带有较强的视觉引导性。点还能够起到丰富版面的作用，将版面中的图形或文字作为一个点来处理，既能够增添排版的创意感，又能够提升画面的整体设计效果（图 2-1-6 至图 2-1-9）。

▲ 图 2-1-6　电影海报设计中点的运用（一）

▲ 图 2-1-7　电影海报设计中点的运用（二）

▲ 图 2-1-8　书籍装帧中点的运用

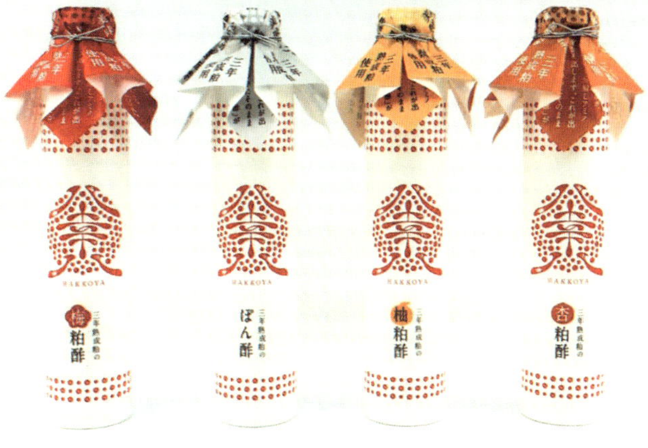

▲ 图 2-1-9　包装设计中点的运用

二、线

【词语】线。

【解释】线产生于点移动的轨迹，线的形式可以是几何中的线条，也可以是一段文字，或者是由很多点组合而成。由于线具有位置、长度、宽度、方向、形状等属性，赋予了线在视觉上的多样性。每一种线都有其独特的个性与情感意义所在。所以在版式设计中需要根据线的性格去做符合需求的设计，这样才能让线发挥极致的效果。

1. 线的分类

线分为直线和曲线，直线分为水平直线、垂直直线、倾斜直线；曲线分为几何曲线和自由曲线。版式设计中，可以根据设计需要将线处理为实线、虚线、面化的线等多种样式。

2. 版式设计中线的视觉效应

（1）水平的线在大自然中往往出现在天际线或者是地平线上，会给人一种开阔、平和、永无止境的感受。直线中的水平线平衡、寂静，使人联想到风平浪静的水面、远方的轨道、地平线。这类设计中比较具有代表性的品牌是无印良品，图 2-1-10 就是一组比较有特色的“地平线”系列海报，整个版面中没有冗杂的信息，只有人处于自然之间，呈现了该品牌“自然生活”的理念。

（2）垂直方向的线使人联想到高耸的建筑、树木等，令人产生蓬勃向上、庄严、挺拔的感觉，有一种崇高的感觉。图 2-1-11 是以“9・11”事件为主题的封面设计，用同构的方法，将条形码垂直方向拉伸并辅以浓烟的效果，让人对事件的危害产生联想。

▲ 图 2-1-10　无印良品的“地平线”系列海报

▲ 图 2-1-11　主题封面设计

（3）从力学的角度来看，斜线打破了空间的平衡性，会产生不安定因素，具有运动的趋势。图 2-1-12 是 Adidas 的产品界面设计，用向右倾斜的直线分割版面，与该品牌的运动属性相融合。

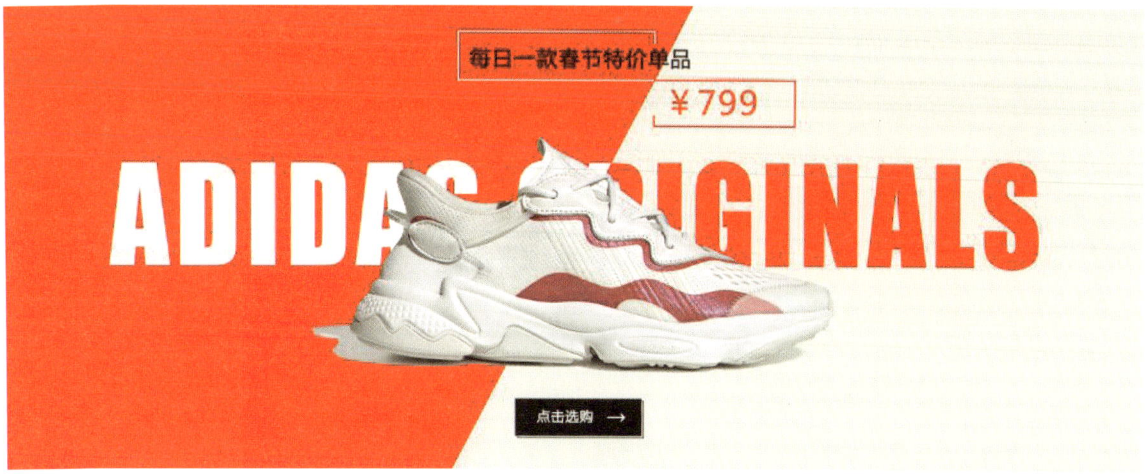

▲ 图 2-1-12　Adidas 产品介绍图

（4）曲线具有轻快、柔和、圆润、动感等造型特性，多用于表现优雅、流动的美感，显得雅致而浪漫，给人以舒适与音乐感。曲线指示了位置和方向，在版面中能让人联想到韵律、节奏等。图 2-1-13 为第 28 届中国金鸡百花电影节主视觉海报，采用灵动的曲线勾勒出简约而大气的雄鸡形象，以金沙为元素，配以墨色，传递出金鸡奖回归初心的温暖寓意。

（5）折线具有顿挫感，能够给人以挫折、波动、动态的视觉效应。通常会在运动赛事、青年主题等版面设计中使用。图 2-1-14 为中央美术学院的主题海报设计，将“景”字采用折线的形式进行图形化呈现，既体现出力量感，又表现出了画面的顿挫感。

▲ 图 2-1-13　第 28 届中国金鸡百花电影节主视觉海报

▲ 图 2-1-14　中央美术学院作品展海报设计

3. 版式设计中线的作用

线在版面编排中，通常具有以下作用：①连接作用，因为线条具有方向性，所以在元素信息整合不够清晰时，可以通过线条把多个信息串联为一个整体，从而引导读者形成正确的阅读顺序；②分割版面，线可以将信息分类和区别版面，特别在版面的信息量大的情况下，选择线来作为信息区域的划分，有利于信息的梳理和提高阅读效率；③强调作用，在版式设计中使用不同粗细和造型的线条来强调版面中的重点信息，能够使版面更加鲜明；④限制作用，线能够在画面中限制内容的位置、大小等，使版面具有条理性（图 2-1-15 至图 2-1-18）。

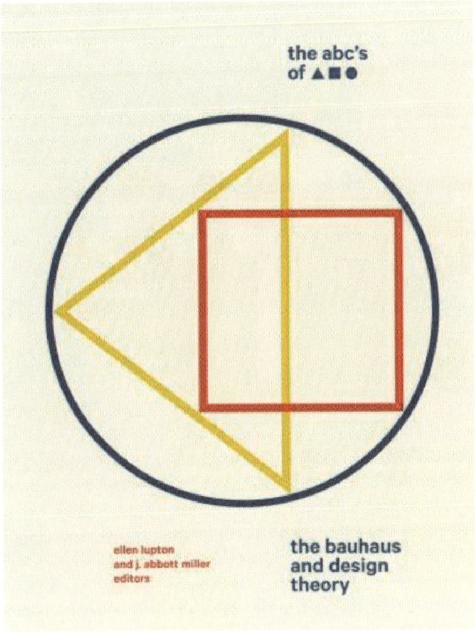

▲ 图 2-1-15　书籍封面设计中线的运用

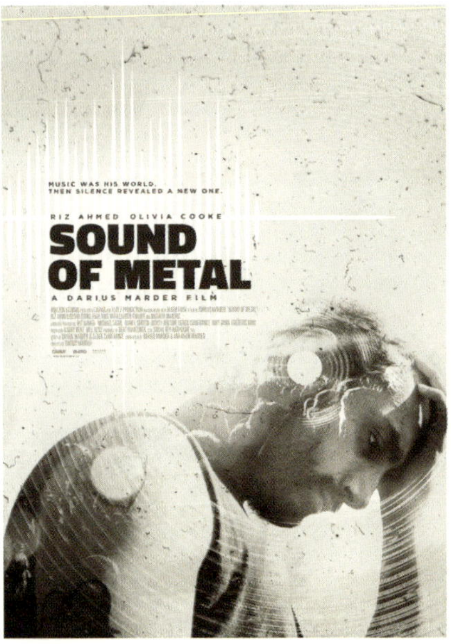

▲ 图 2-1-16　电影海报设计中线的运用（一）

▲ 图 2-1-17　电影海报设计中线的运用（二）

▲ 图 2-1-18　产品包装设计中线的运用

三、面

【词语】面。

【解释】面是点的放大，也是线重复、密集移动的轨迹，往往会表现为不同的造型。版式设计中将具有面积感的元素定义为“面”，可以是图形、文字等。面在版式设计中所占的面积最大，是最具有平衡性，可以丰富空间层次、烘托及深化主题的元素。

1. 面的分类

面分为规则的面和不规则的面。规则的面中最典型的包括正方形、长方形、圆形；不规则的面外形比较自由、无规律可循。版式设计中的图片和大量的文字都可以看作一个面。

2. 版式设计中面的视觉效应

（1）规则的面中，分为直线型和曲线型的面。直线轮廓的面具有明显的规律性、秩序感、坚硬感、稳定感等，比较适合内容较多的版面。曲线型的面显得柔软、神秘。图 2-1-19 是《每日快报》的版面设计，采用了较为严谨的直线型的面将版面进行分割，虽然整个版面的图片和文字较多，但由于直线型的面的使用，使整个版面变得井然有序。曲线形的面具有柔软、轻松、随意、舒适、柔美的视觉感受。图 2-1-20 为东南大学艺术学院的海报设计，采用了曲线型的面作为主题形象，突出此次展览对未知探索的主题。

“Now I call the shots
Empire's Taraji P Henson
Film & Music G2

Every Merchant Ivory film Ranked! By Hadley Freeman

Friday 8 March 2019
£2.20
£1.60 for subscribers

The Guardian

May pleads with EU leaders after day of cabinet chaos

Rowena Mason
Peter Walker

Theresa May will make a last-ditch attempt to persuade the EU to give her a better Brexit deal today, as she struggles to hold her crumbling government together after a day of cabinet embarrassments in Westminster.

The prime minister will plead with EU leaders to offer further concessions, as it became clear that talks in Brussels had stalled and hardline Eurosceptics in her party were likely to vote down the deal for a second time next week.

Senior Tory critics of May expressed astonishment that her strategy was a refusal to change course in the face of defeat, with one cabinet source saying No 10 realised it was about to lose the vote but seemed unable to make a coherent case for why MPs should back the deal.

A Conservative former cabinet minister said it was “like the last days of Rome” and it was difficult to see how May would last many more weeks, even if her deal scraped through.

May will turn her fire on the EU today in a speech delivered in the Brexit stronghold of Grimsby, saying: “Just as MPs will face a big choice next week, the EU has to make a choice too.

“It is in the European interest for the UK to leave with a deal ... The decisions that the European Union makes over the next few days will have a big impact on the outcome of the vote.”

The speech will follow a day of errors by three cabinet ministers that forced May’s chief spokesperson to insist she still had confidence in them all. As cabinet discipline appeared to break down, Karen Bradley, Northern Ireland secretary, had to issue a grovelling apology for saying deaths caused by police and soldiers during the Troubles were “not crimes”.

Then Amber Rudd, work and pensions secretary, had to say sorry for referring to the shadow home secretary, Diane Abbott, as a “coloured woman”, and Andrea Leadsom, the leader of the Commons, suggested it should be for the Foreign Office to hold a debate on allegations of Islamophobia in the UK.

The consensus among dozens of Tory MPs and ministers asked by the Guardian 8

▲ 图 2-1-19 《每日快报》的版式设计

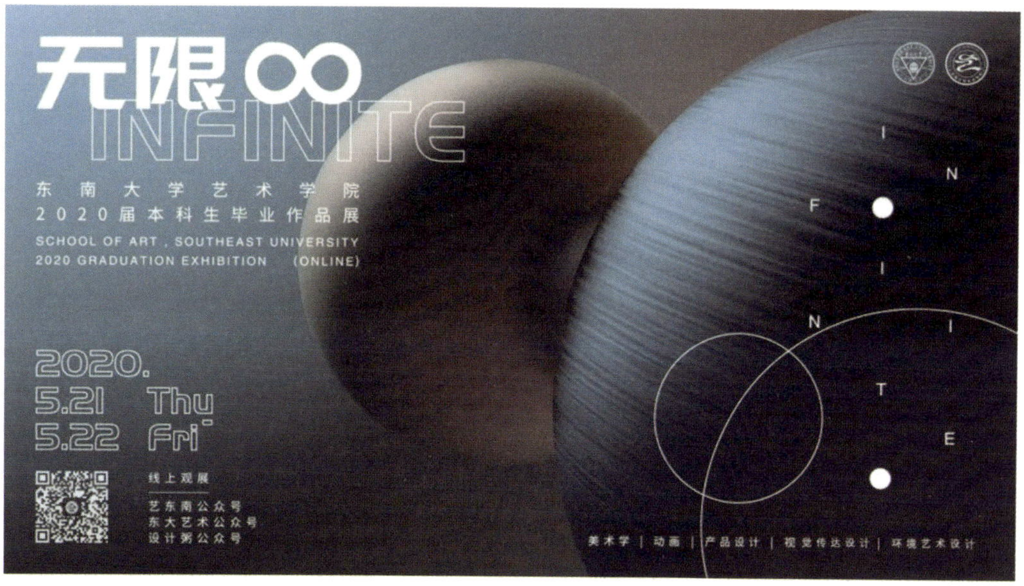

▲ 图 2-1-20 东南大学艺术学院作品展海报

（2）不规则的面是偶然产生的形状，如水墨、花草等形状。偶然面没有任何框架约束，给人的联想是自然、和谐、生动而具有亲和力，视觉感受自然、生动、有灵性。图 2-1-21 为电影《道士下山》的海报，采用了道士的标志性物件葫芦与山体的同构，形成正负形关系，巧妙而不失趣味。

▲ 图 2-1-21　不规则的面的应用

3. 版式设计中面的作用

将面运用至版式设计中，主要有两种作用：①具有营造画面层次的作用。对面的不同分割、不同位置的变化，不仅能营造出丰富的版面空间层次，还能充分利用面的这些性格特征，把握互相之间的和谐关系，为版面设计带来强烈的美感享受；②区分版面。通过不同的面的使用，将版面要素进行区分（图 2-1-22 至图 2-1-25）。

▲ 图 2-1-22　海报设计中面的运用

▲ 图 2-1-23　书籍封面设计中面的运用

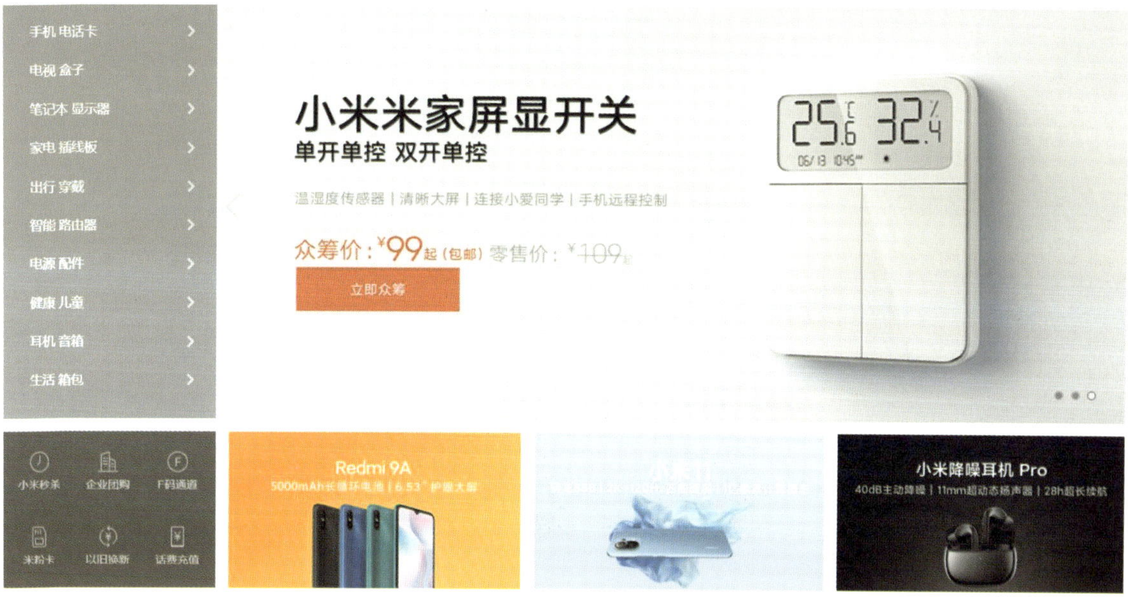

▲ 图 2-1-24　网站界面设计中面的运用

四、点、线、面的综合表现

点、线、面是版式设计中构成的基本要素，它们之间既互相区别又相互联系，并且在版面中承担着不同的作用：点的使用能够吸引受众注意，线的使用能够划分版面，面的使用能够增加版面层次等。在一个版面中，宏观来看，任何的图片、文字等都可以通过抽象提炼转化为点、线、面的综合构成。因此，把握好版面中点、线、面之间的构成关系至关重要，如版面的对称与均衡、节奏与韵律、对比与调和、比例与尺度、变化与统一等，遵循这些基本的形式美法则，能够为设计出具有良好视觉效应的版面奠定基础。图 2-1-26 是阿联酋杂志 *ting* 的封面设计，版面中用圆点、线框、半立体图形及文字形成的灰色面构成，并采用了黄金比例的分割法则，使其既符合受众审美习惯，又能够清晰传递信息。图 2-1-27 采用将“图案的世界”几个文字进行图形化处理的方法，以点、线、面的组合形成了一个和谐且识别性强的画面。

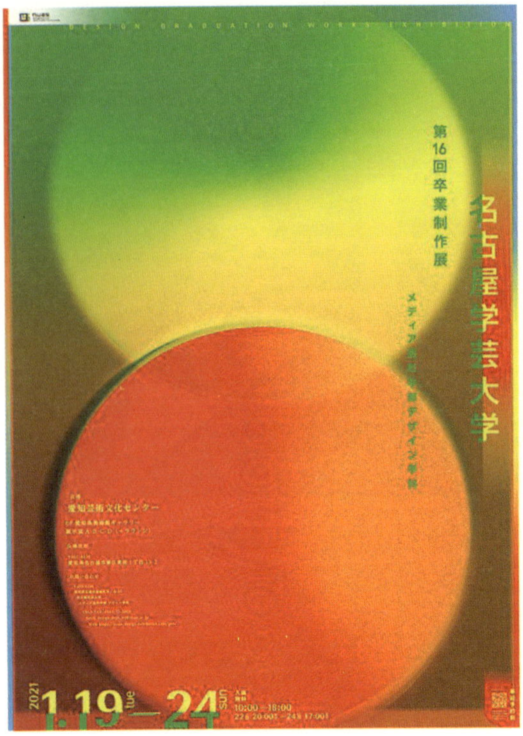

▲ 图 2-1-25　名古屋学芸大学毕业展览海报设计

▲ 图 2-1-26　杂志 *ting* 的封面设计

其他作品展示如图 2-1-28 至图 2-1-32 所示。

▲ 图 2-1-27　广州当代美术馆海报设计

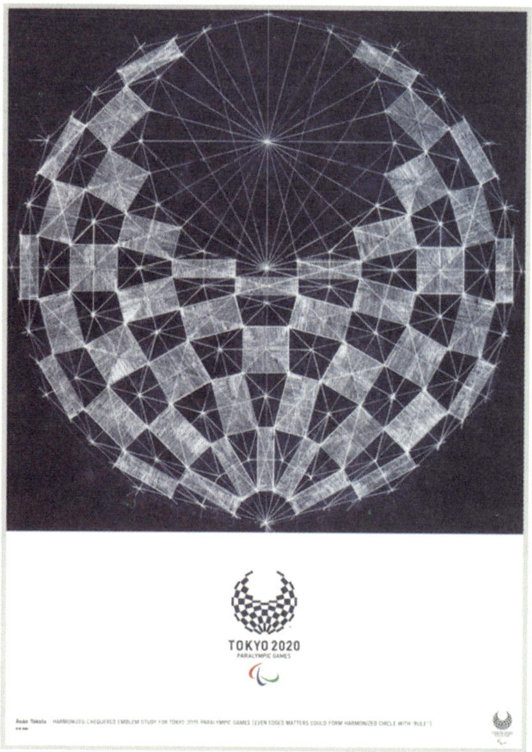

▲ 图 2-1-28　东京奥运会海报 /（野老朝雄）

▲ 图 2-1-29　东京奥运会海报 2（佐藤卓）

▲ 图 2-1-30　矿泉水包装设计（小野设计事务所）

▲ 图 2-1-31　书籍封面设计中点、线、面的综合运用

▲ 图 2-1-32 《圣人莫德》电影海报设计

第二节 视觉设计法则

一、视域

【词语】视域。

【解释】视域是指眼睛观看正前方物体时所能看得见的空间范围。人的头部和眼球固定不动的情况下所看到的区域称为静态视域，眼睛转动所看到的区域称为动态视域，视域的单位常用角度来表示。视域的大小和形状与视网膜上感觉细胞的分布状况有关，观看一个版面，在水平范围普通人的视域范围——双眼视域大约在左右 62° 以内的区域，单眼视野的标准视线每侧 94° ～ 104° 。在垂直范围视域范围——最大视域为标准视线以上 50° 和标准视线以下 70° ，颜色辨别界限在标准视线以上 30° 和标准视线以下 40° （图 2-2-1、图 2-2-2）。

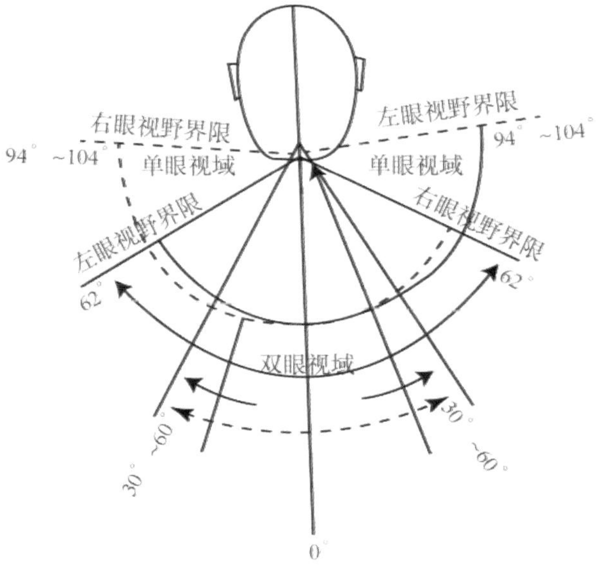

▲ 图 2-2-1 水平视域范围

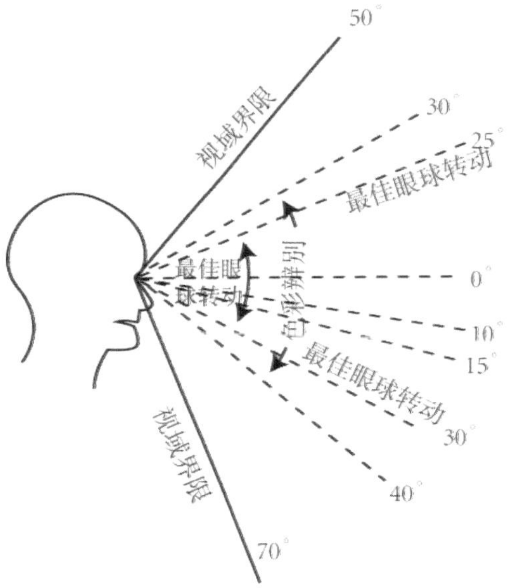

▲ 图 2-2-2 垂直视域范围

一个版面中，由于不同的位置受众的关注程度不同，所以在设计师设计时往往选择把重要信息置于最佳视域中。最佳视域是指在一个特定的范围内，版面上最吸引人注意的地方。心理学研究表明，人的视觉在一个界定的范围内，通常画面的上部、左部、左上部和中上部是最容易受到重视的，被称为“最佳视域”。设计时为了提高视觉注目度，设计师将重要信息或视觉流程的停留点安排在注意力价值高的位置，这便是优选最佳视域。通常设计师根据人们的阅读经验、喜好，将重要的信息放在版面的左上方或者黄金分割线的位置，从而达到较好的视觉传达效果。图 2-2-3 为使用眼动仪记录人在处理视觉信息时的眼动轨迹特征实验图，颜色越接近红色代表受关注度越高；可以看到在一个版面中，左上角为受众最容易注意到的视域，也就是最佳视域。

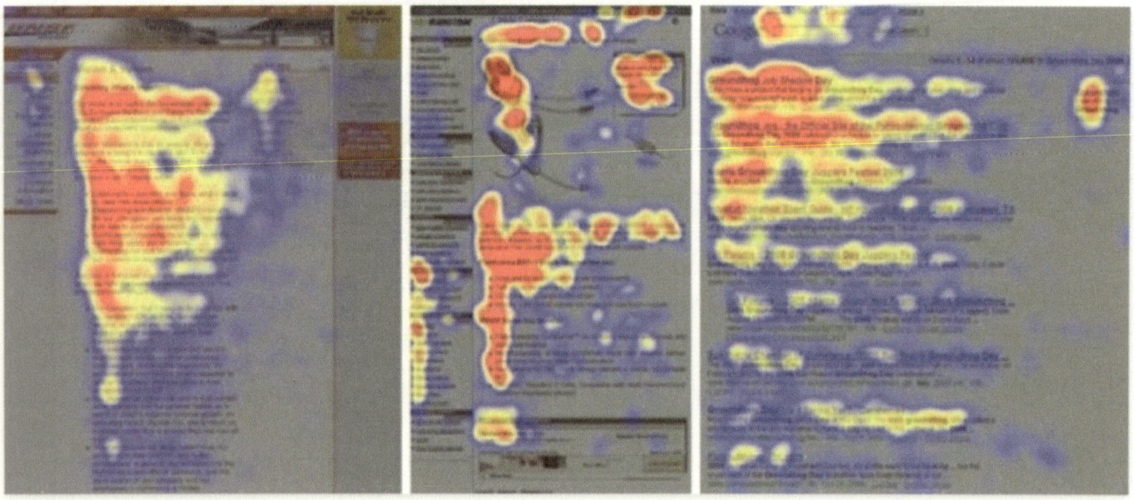

▲ 图 2-2-3　最佳视域

二、视重

【词语】视重。

【解释】人在观看一个版面时，视线常常会迅速地由左上角到左下角，再通过中心部分至右上角经右下角，然后回到以画面最吸引视线的中心视圈停留下来，这个中心点就是视觉的重心。将重要元素设计于视觉重心之处，使之成为版面中最具吸引力的区域，还能够起到稳定画面的效果。以视觉重心为基础的版面设计使版面产生强烈的视觉焦点，能够帮助受众提炼重要信息，使版面的主题更加鲜明，从而提升信息传递效率。在一个版面中，无论是图形、文字还是色彩的使用或构成，都有可能影响视重。因此，画面重心的处理是版式设计中探讨的一个重要的方面。

版面中不同视重会给人带来不同的心理效应。

（1）视觉重心偏上，会给人一种向上、积极的视觉效应。在版式设计中将主体形象设计在版面上方，使受众的视线被集中于此，从而构成视觉重心偏上的效果。视觉重心偏上能够使受众以最快的速度看到主体设计，有加强版面对主题的传达能力，同时强调了版面的第一印象。图 2-2-4 为方序设计的第 55 届金马奖海报设计，海报中的四

▲ 图 2-2-4　第 55 届金马奖海报

位人像侧脸轮廓分别是李安（台北金马影展执委会主席）、侯孝贤（金马电影学院院长）、巩俐（金马奖评审团主席）和小野（金马创投会议评审），将四位人物侧脸有序排列，并利用光影形成强烈的明暗关系，能够有效地聚集受众的目光，给人一种积极、神秘的视觉效应。

（2）视觉重心偏下，会带来下坠、压抑、限制和稳定的感受。将视觉要素集中在版面的下方，使受众的视线集中于此处，能够稳定画面效果，形成扎实的视觉印象。这种编排方式常用于偏严肃、庄重的设计主题。图 2-2-5 为 Naif 的封面设计，将图片去底处理后和背景融为一体，只有小女孩发亮的头发与背景稍作区别，将白色的花朵和粉色的脸颊作为点缀，整个画面的重心在版面下部，营造出了一种相对阴暗、压抑的感觉。

▲ 图 2-2-5　Naif 封面设计

（3）视觉重心在左边，会带来轻便、自由、舒适的视觉印象。人的阅读习惯为从左到右，因此当观赏者接触到版面时，他们第一眼看到的是左方。在版式编排设计中，将主体物放置在版面的左方，以迎合观赏者的阅读习惯，通过这种编排方式使观赏者对版面的浏览变得格外顺遂，从而营造出相对舒适的视觉氛围。图 2-2-6 为上海美术学院的毕业作品展览海报设计，将主要信息集中在版面左侧，背景使用黑色并将线条作为点缀，营造出了一幅令人遐想、相对轻松的画面。

▲ 图 2-2-6　上海美术学院毕业展览海报

（4）视觉重心在右边，则会使人感到急促、局限和庄重。在版式设计中，将视觉重心设置在视图的右方，会带给人以局促、紧张的视觉感受，同时使观赏者对该版面留下深刻的印象，从而达到宣传主题信息的目的。图 2-2-7 的设计采用了正负形的创意方法，右侧的造型使用黑色，使视觉重心聚集于右侧，形成压迫之感。

（5）视觉重心在中间，能够较好地凝聚视线，并给人一种稳定的效果。不仅如此，宽裕的版面空间还有利于我们对版面中其他要素进行布局与调控。图 2-2-8 为 Noise x GIF Fest 的海报设计，将主题形象置于画面中心，文字信息围绕主题形象进行排版，使受众的目光聚焦于画面中央。

▲ 图 2-2-7　视觉重心偏右的海报设计

▲ 图 2-2-8　Noise x GIF Fest 的海报设计

三、视觉流程

【词语】视觉流程。

【解释】视觉流程是一种视觉空间运动，指视线随着版面元素运动的轨迹。通常，视觉流程的形成是根据人的视觉习惯和版面设计决定的；人在阅读版面时，视线通常会从上到下、从左到右、从动到静，由版面的左上方向右下方移动；版面设计中图形、文字、色彩等由于面积、明度等不同，也会形成一种视觉主次关系。在一个版面中，合理使用版面元素设计出符合视觉流程的作品至关重要，它能够根据设计师的设计意图，很好地引导受众的阅读视线，通过合理化的顺序与有效的感知，达到信息传递的目的。并且，版面中符合受众阅读习惯的视觉流程设计，不仅可以引导受众阅读，还可以降低阅读的视觉疲劳。

1. 视觉流程的分类

（1）横向视觉流程。横向视觉流程指将版面中的视觉元素按着水平方向排列，引导视线在水平方向来回移动。这种排列方式符合受众阅读习惯，是当下主流媒介的常用编排方法。横向的视觉流程设计会给人以一种安定、平稳的视觉感受。图 2-2-9 为人民网的网页界面设计，所有的元素都采用横向排列的形式，有序地展示内容。

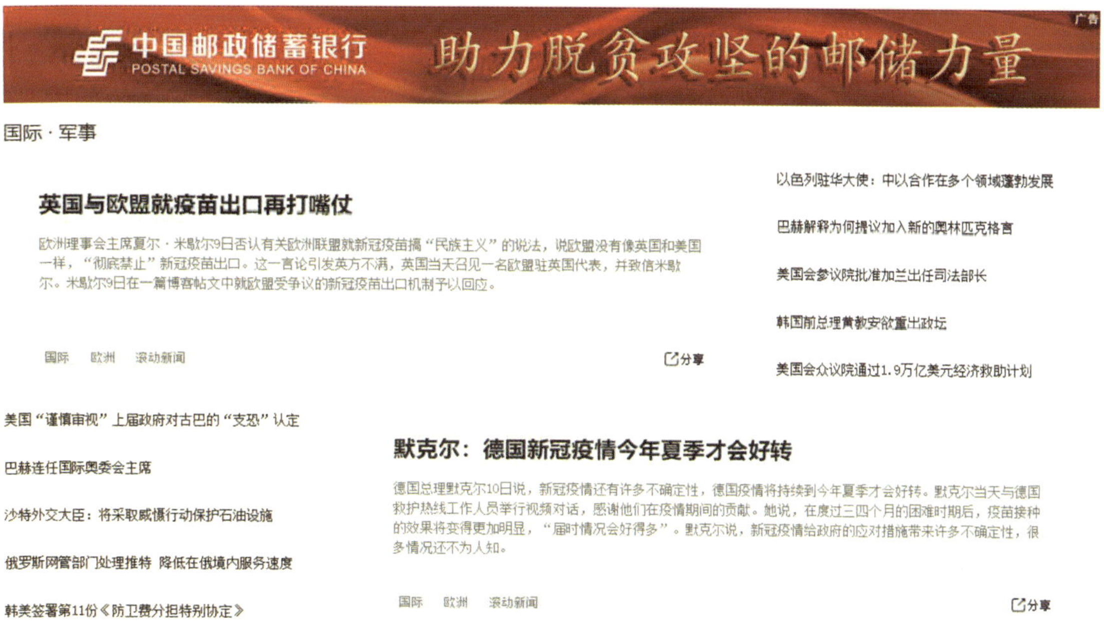

▲ 图 2-2-9　人民网网页界面设计

（2）竖向视觉流程。竖向视觉流程又叫垂直视觉流程，指版面视觉元素从垂直方向进行有序编排，使受众的阅读视线按照"由上到下"或"由下到上"的垂直方向阅读。竖向视觉流程能够带给版面较为稳定、坚定和有力量感的效果。图 2-2-10 是品牌 Wilkinson Sword 的剃须刀广告设计，采用特异的手法和垂直的视觉流程设计，勾勒出使用此剃须刀能够获得不同面部造型的趣味场景。

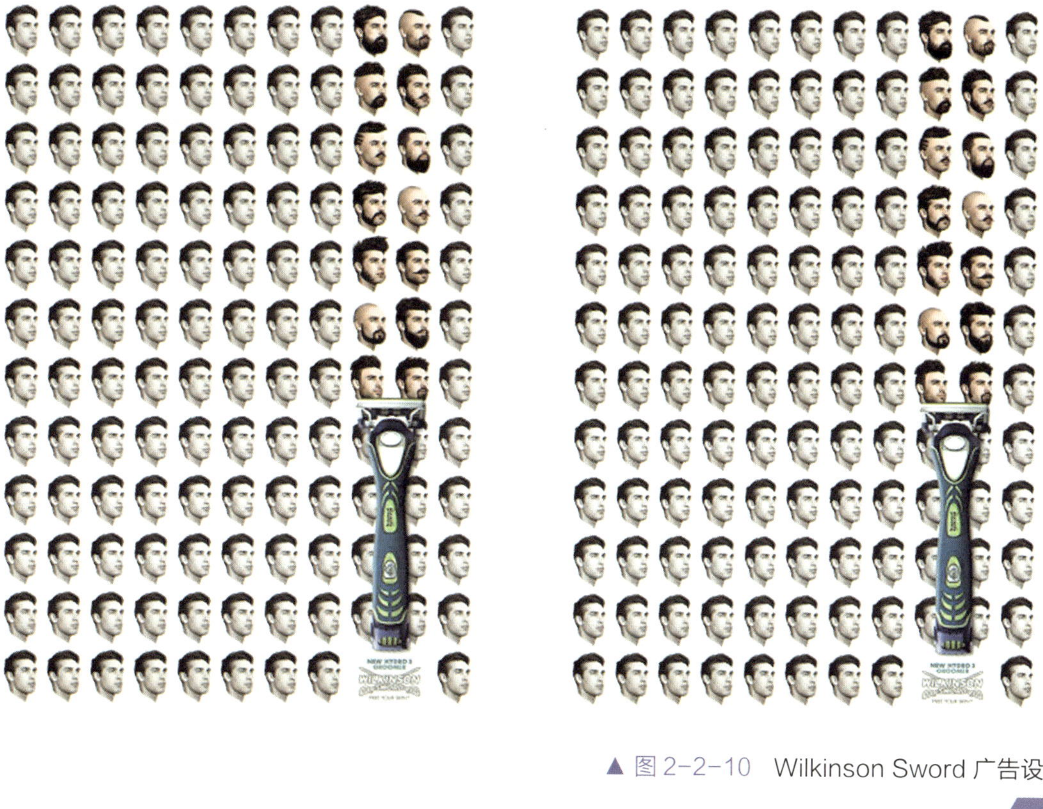

▲ 图 2-2-10　Wilkinson Sword 广告设计

（3）斜向视觉流程。由于该流程会形成一条斜线或斜面，所以具备一种强烈的运动感，比纯粹的横线或竖线更具视觉冲击力。一般斜向视觉流程按照从左上角向右下角移动，或从右上角向左下角移动，比较容易吸引受众的注意力。图 2-2-11 为无印良品的海报设计，将懒人沙发豆袋这个产品的使用方法用倾斜的方式呈现出来，并使用箭头的形式引导视线由左上方向右下方，形成一个运动感十足的画面。

（4）导向视觉流程。导向视觉流程指将版面内的图形、文字等元素通过特定的方向进行呈现，从而引导视线按此流动，形成一个有序的版面效果。使用导向视觉流程设计的版面具有条理性和逻辑性，且目标明晰，包括文字导向、图形导向或色彩导向。图 2-2-12 为造型导向的杂志内页设计，将图片裁剪后放置于人物造型中，引导受众视线根据外观造型进行阅读，呈现出明显的条理性。

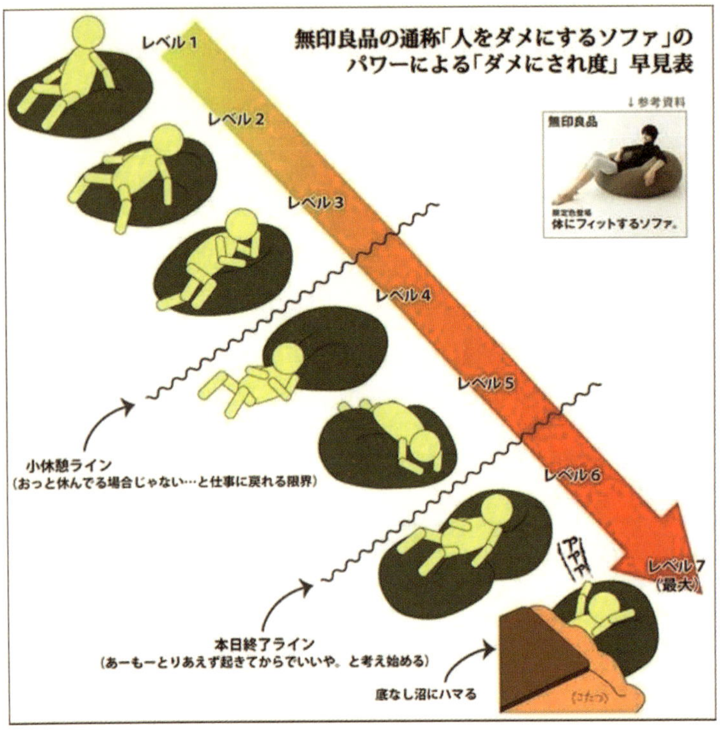

▲ 图 2-2-11　无印良品的产品海报设计

▲ 图 2-2-12　造型导向的杂志内页设计

（5）曲线视觉流程。曲线视觉流程是指版面设计时将文字或图形等视觉要素沿曲线方向排列，从而引导受众的视线沿着曲线的变化而流动，通常包括回旋形“S”和弧线形“C”。曲线视觉流程排列能够给人一种优美和韵律感，可以营造出轻松、舒展的气氛。图 2-2-13 为麦当劳的产品海报设计，用麦当劳的 logo 裁剪后形成一个弧线形的视觉流程，再用麦当劳标志性的红色和黄色进行搭配，既能刺激食欲，又能营造出轻松的氛围。

▲ 图 2-2-13　麦当劳海报设计

（6）散点视觉流程。散点视觉流程是指将版面的图形或文字等进行相对自由的分散式排列，注重的是元素之间排列的随机性与耦合性，以及版面的空间关系，主题形象一般都是相同或相近的元素。散点式视觉流程需要注意版面元素的主次、大小和疏密等关系，从而使画面效果均衡。由于不受约束，图片、文字的关系多变，所以散点式构图能够给受众以自由、轻松之感。图 2-2-14 为 Odd 杂志的封面设计，将游泳的人物造型进行图形化设计后，使用散点式布局的方法置于版面上，人物造型看起来如同以各种姿势在游泳，画面显得生动有趣。

▲ 图 2-2-14　Odd 杂志封面设计

2. 视觉流程表现的注意事项

视觉流程设计在版面中有着非常重要的作用。如果不进行视觉流程设计，在一组分量均等的要素之间会形成没有输赢的竞争，同等的文字和图形没有主次顺序，内容不能表现主次之分。这既不符合人们的阅读习惯，又难以突出主题。

正确、合理的视觉流程设计，可以按照内容的主次来控制信息，引导读者注意阅读的先后顺序，进而引导读者的视线按设计师的意图进入一个组织有序、主次分明、条理清晰的视觉信息空间，从而使受众迅速感知、理解和记忆所要传达的信息，最终顺利实现视觉传达的目的。

注意事项主要包括以下三方面：

（1）注重逻辑性。在一个版面中，所采用的图形、文字、色彩等设计应符合人们认知的心理顺序和人类思维发展的逻辑顺序，为其提供清晰的辨别顺序。

（2）注重可读性。一个有效的版面设计应该具备良好的可读性，要求设计师在使用视觉流程方法进行创意设计时，能够准确传递版面内容，不能只注重外在形式。

（3）注重导向性。设计师根据特定的设计内容和要求，确立整体的设计构想、方式，来形成不同特点的构成形式，科学合理的视觉流程设计能够激发读者的阅读兴趣，引导读者的视线按照设计者的意图，合理、快捷、有效地获取最佳印象，以实现视觉传达的目的。

本章小结

1919 年，德国包豪斯设计学院率先将“点、线、面”等视觉元素系统地引入艺术设计专业基础课程的教学，并阐明“点、线、面”的基本造型、构成方式等。本章亦是联系平面构成的相关构成法则，将版面中的图形、文字等要素从“点、线、面”的构成视角展开解析，从而使学生认识到不同的视觉元素布局能够影响受众的视觉感受和认知心理。于设计师而言，只有了解了受众的视觉范围、视线流动轨迹，再结合“点、线、面”的构成关系展开设计，才能够做到有的放矢，准确地通过版面向受众传递信息。

课后习题

1. 根据所学知识，分别列举版式设计中点、线、面的应用带给受众的心理效应分别是什么？

2. 请列举出视觉流程的类别，并分别阐述不同类别的视觉流程在版式设计中的作用是什么？

3.Taste 是一种“美的感知力”，你认为它是主观的还是客观的？简述理由。

4. 如何理解版式设计中的留白处理，它的主要功能有哪些？

CHAPTER 3

版式设计构成——『通权达变』

第一节　网格系统
第二节　版式设计的基本构成形式
第三节　“自由之外”

| 本章概述 |

本章讲述版式设计的视觉构成利器“网格系统”及其最经典的七种基本构成类型，帮助学生充分地认识版式设计规律并思考规则之外的自由设计新境界。

| 学习目标 |

通过本章的学习，学生了解版式设计的方法及常规类型，通过经验积累逐步形成自己的设计风格，引发关于设计最高境界的思辨。本章节主要解决版式设计的基本构成形式和规律，以期帮助读者及设计师学会更加专业的排版技能，设计师需要“终身学习”机制，力求先了解基本形式，再研究规律方法，最后打破常规，形成自己的风格，进阶彰显作品本身的意境和内涵。

第一节 网格系统

一、什么是网格化版式设计

网格系统英文为“ grid systems”，也有人翻译为“栅格系统”，以规则的网格阵列来指导和规范版面布局以及信息分布。网格系统是一个隐形的骨骼，通常是由一系列水平和垂直的、彼此交叉的参考线构成，它不仅用于摆放和规范各种文字和图像元素的需要，更重要的是通过看不见的网格重新梳理信息并赋予信息清晰的逻辑和内在韵律。

网格系统是建立在西方理性主义基础之上的，是对工业化快节奏产生的庞大信息的秩序化整理。随着国际主义设计风格的传播，网格系统影响了世界各国的出版物程式。其风格特点是运用数字的比例关系，通过严格的计算，把版心划分为无数统一尺寸的网格，广泛应用于杂志、画册、门户网站、UI 设计等平面设计领域。

网格系统诞生的初衷就是针对大篇幅、多页面、多图文信息的报纸、杂志、书籍的排版时，运用规范的网格系统来编排内容，提升工作效率，实现充满工业化“严谨之美”的版面视觉效果。

小知识

1692 年，新登基的法国国王路易十四感觉法国的印刷水平不尽如人意，因此命令成立了管理印刷的皇家特别委员会。委员会的首要任务是设计出科学、合理的，重视功能性的新字体。委员会由数学家尼古拉斯·加宗（Nicolas Jaugeon）担任领导，他们以罗马体为基础，采用方格为设计依据，每个字体方格分为 64 个基本方格单位，每个方格单位再分成 36 个小格，这样每个印刷版面就由 2304 个小格组成，在这个严谨的几何网格网络中设计字体的形状，完成版面的编排，试验传达功能的效能，这就是栅格系统的雏形。

二、网格化的优势与特点

《平面设计中的网格系统》（图 3-1-1）一书中指出：需要网格系统化设计的元素，具有事前修饰的特点，待编排的元素通常是已经处理好的图片与文案，图片需要适当裁剪或批量调整色调等工序，所以从创意角度上来说，网格系统化的设计是处理劣势的。然而，网格系统最大的优势和特点在于快捷、精准的规范化排版效果。网格虽然对设计规则有所限定，但恰恰开启了富有秩序的、更自由的设计通道。设计需要逻辑、规矩、态度与法则，网格化系统的设计，不仅是一种设计手法，更是一种思维范式和设计态度。本节开篇将引导设计者在版式设计时力求做到从规范到自由，这也是本书编者对设计教学的一贯主张。

▲ 图 3-1-1 《平面设计中的网格系统》

中国书籍装帧大师吕敬人先生认为：“设计是驾驭秩序之美的过程。”网格为文本建立起一个让信息得到有效、清晰、易懂并便于记忆的控制路径，其提供了逻辑解决问题的钥匙与解开二维、三维，乃至时间传播的，并非固态的辩证方法论。网格设计是一个平面设计师必须具备的设计意识和能力。

西方网格系统使用的黄金比率，以其缜密的理性和规范、科学的逻辑设定了具有普遍意义的设计范式。而中国古代各种韵文都有特定的格律，构建起语言的结构骨架。同时，以方块量体的汉字似乎天然适合矢量化的网格推算和布局。由此可见，中国的设计者完全可以应用书中的原理来构建汉字的网格系统，学会驾驭秩序之美的设计意识，获得构成阅读审美的自觉途径，并掌握体现东方文本韵律设计的方法论。

综上所述，网格作为一种控制形式的法则，仍然有许多可以发展的空间。在实践过程中，每一位设计师都会遇到不同程度的问题，根据专业认知水平、软件操作能力、设计意识等的不同，设计师对版式设计的理解和操控能力也参差不齐，但只要了解了网格化设计的基本原理，在网格系统的帮助下，设计师能更快地解决设计中的问题，并让设计更具功能性、逻辑性和视觉美感。

小知识

“瑞士平面设计先驱”约瑟夫·米勒－布罗克曼（Josef M ü ller-Brockmann）（1914.5.9—1996.8.30）是瑞士的一位平面设计师和教师，曾于苏黎世的大学与艺术工商学校修习建筑、设计与艺术史专业。1936 年，他在苏黎世开了一家专门从事平面设计、展会设计与摄影的工作室。1951 年起，他开始为苏黎世的音乐厅设计音乐会海报。1958 年，他成为《新平面设计》(*New Graphic Design*）杂志的主编，与 R.P.Lohse、C.Vivarelli、H.Neuburg 共事。1966 年，他被任命为 IBM 的欧洲设计顾问。

布罗克曼因其极简主义设计理念与简洁的排版、图形和色彩而闻名，他的设计对21世纪的众多平面设计师产生了重大影响。他还出版了多本视觉传达与设计类书籍。

三、网格系统化设计应用

传统的版式设计主要表现在书籍、杂志或者报纸等纸质媒介上。随着新媒体技术与受众信息接收渠道的不断发展，电脑、手机等网络终端的界面成为新一代版式设计的主流媒介，平面设计向着"屏面设计"转化，网格系统的设计方式也随之发生转变（图3-1-2）。

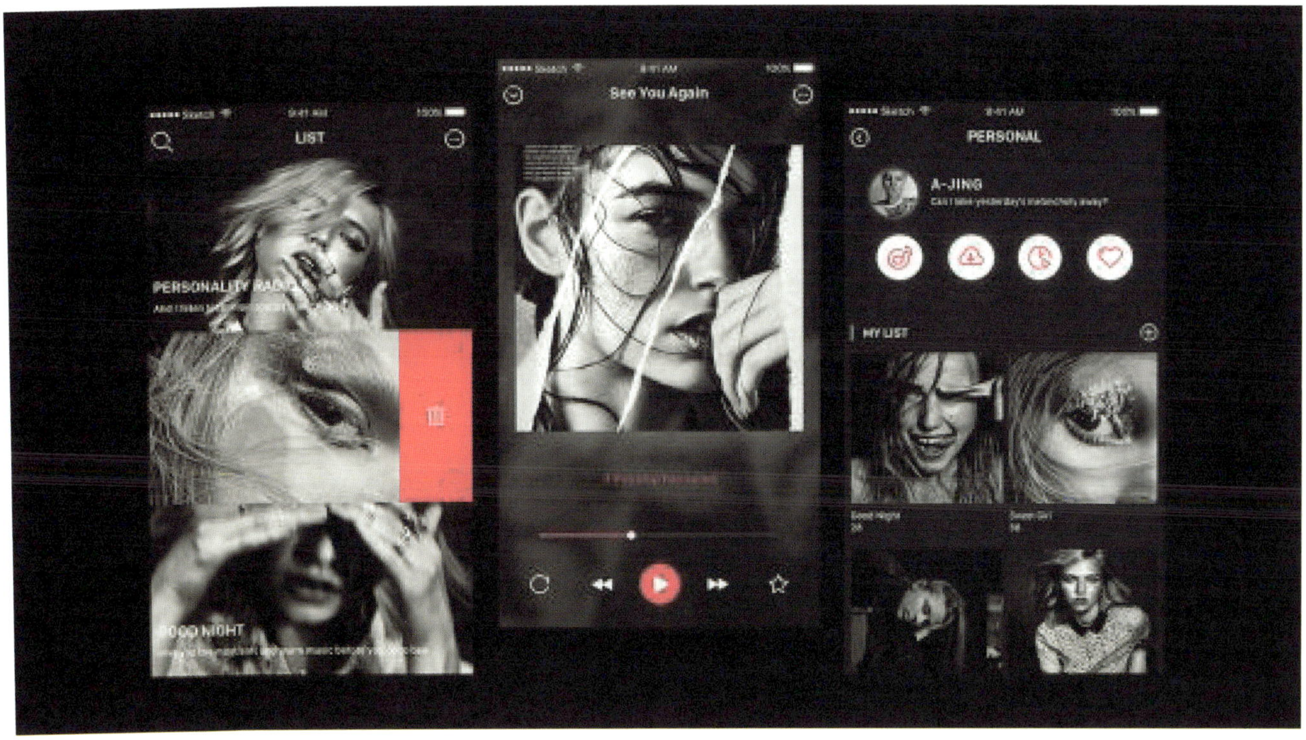

▲ 图3-1-2　手机APP界面设计

网格的创建方法既可以通过手绘，也可以借助软件中的辅助线完成。作为排版专业设计软件，InDesign功能强大，网格工具使用非常方便；Photoshop和Illustrator同样适用于版式的编排设计，特别是二者自带的GuideGuide参考辅助线插件，能快速建立网格系统。在书籍的封面版式设计中，根据书籍的内容，网格的列数可以自由选择，目前常用的是8格、20格和32格网格系统。

例如，图3-1-3所示这本名为*The Geometry of Pasta*的书籍，讲述了意大利面食几何学相关知识，通过参考线，其封面把不同几何造型的面条进行了合理的规范和排列，不仅不会让画面显得单调，还会让画面更有条理，让内容更通俗，获得更好的视觉体验，如图3-1-4所示。

▲ 图 3-1-3　*The Geometry of Pasta* 封面设计

▲ 图 3-1-4　*The Geometry of Pasta* 内页版式

市面上的海报设计、网页设计、手机 APP 界面设计等，利用网格化设计原理的作品比比皆是（图 3-1-5 至图 3-1-9）。

▲ 图 3-1-5　海报设计

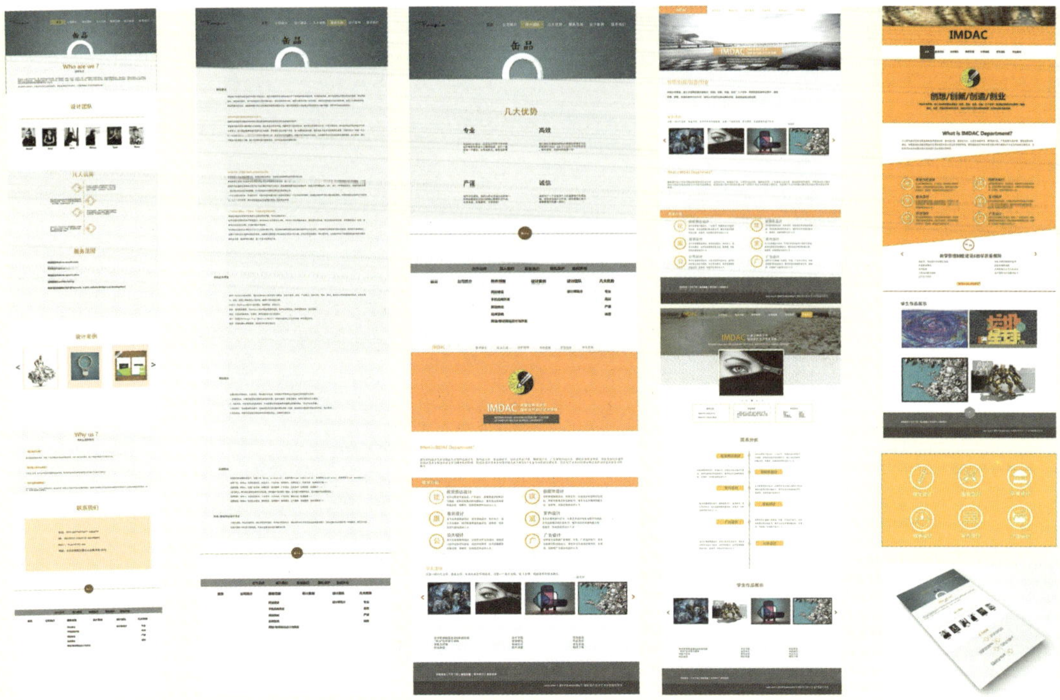

▲ 图 3-1-6　网页界面设计

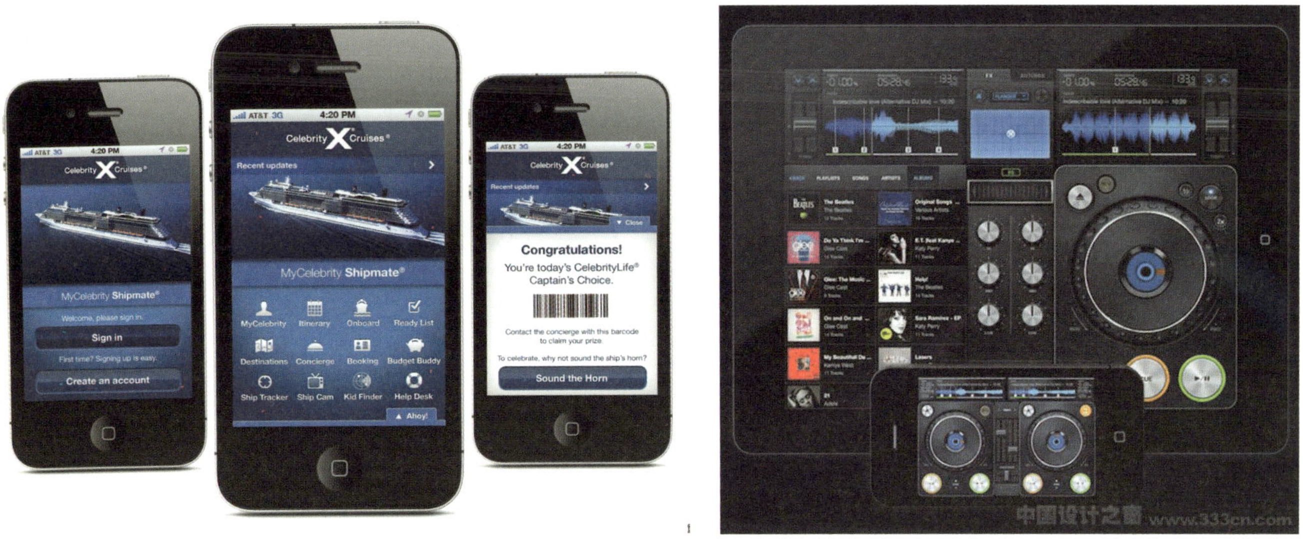

▲ 图 3-1-7　手机 APP 界面设计

▲ 图 3-1-8　HANMAC 界面设计

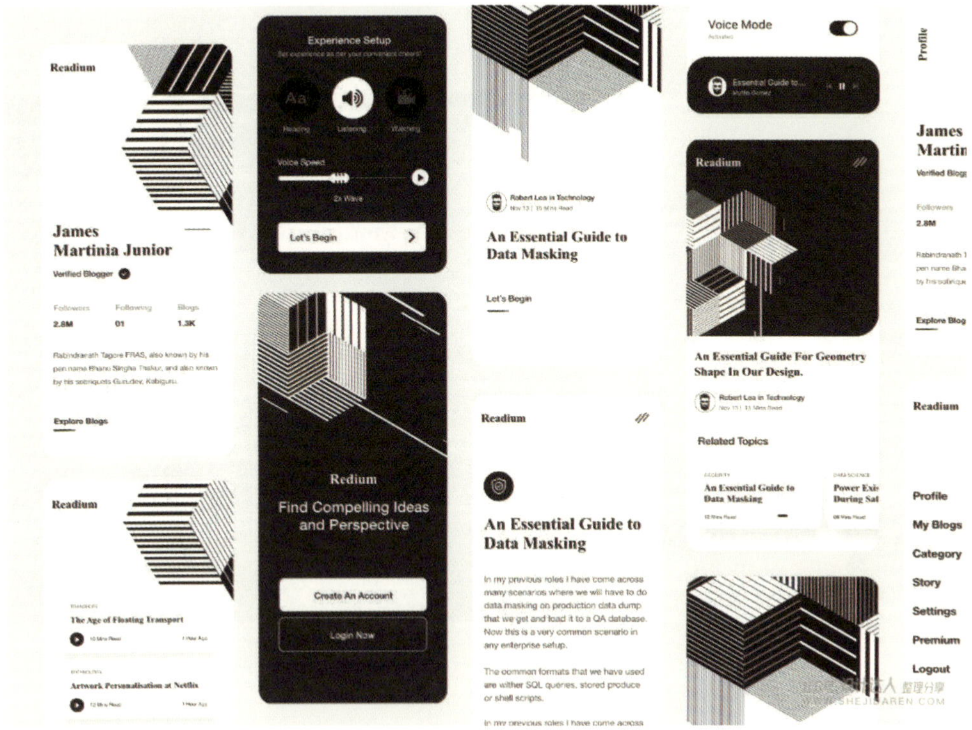

▲ 图 3-1-9　READIUM 界面设计

设计者在了解和掌握网格的基础上，可以结合功能性、逻辑性、视觉美感来构思版面，创建网格，为后续的版式设计奠定良好的基础。

第二节　版式设计的基本构成形式

如今设计师可以在网络或大众媒体中欣赏大量优秀的，令人惊叹的大神级作品，还可以免费或付费下载并分析它们的构成形式，比如重复、对比、比例、重叠、分散、引导、组合等。身为设计师，排版时如果只是单纯地觉得好看，却不知道其原理和规则，那样是做不好排版的，也会令设计师感到沮丧至极。究其根本，造成这种情况大多是对基础的规范并未完全理解，只有找出规律，才能掌握方法。

一、"美人在骨不在皮"——骨骼型

常言道："美人在骨不在皮"，形容一个人真正的美是"骨相"之美，也就是说，外在"皮相"之美需要内在的骨骼支撑。在版式设计中，第一种基本类型就叫骨骼型。

骨骼型是一种规范、理性的版面分割方法，具有视觉规范性的特点。

前面章节重点所述的网格化版式设计就是典型的骨骼型版式设计，可以实现将版面规律、合理地划分成不同的块面，以达到规范版面内容的目的（图 3-2-1 至图 3-2-3）。

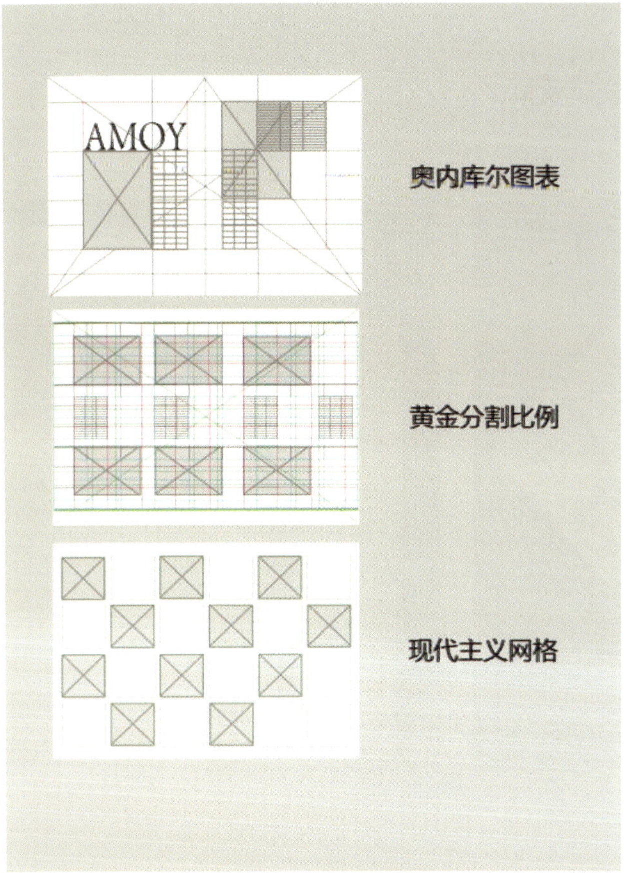

▲ 图 3-2-1　规范的杂志骨骼型版式

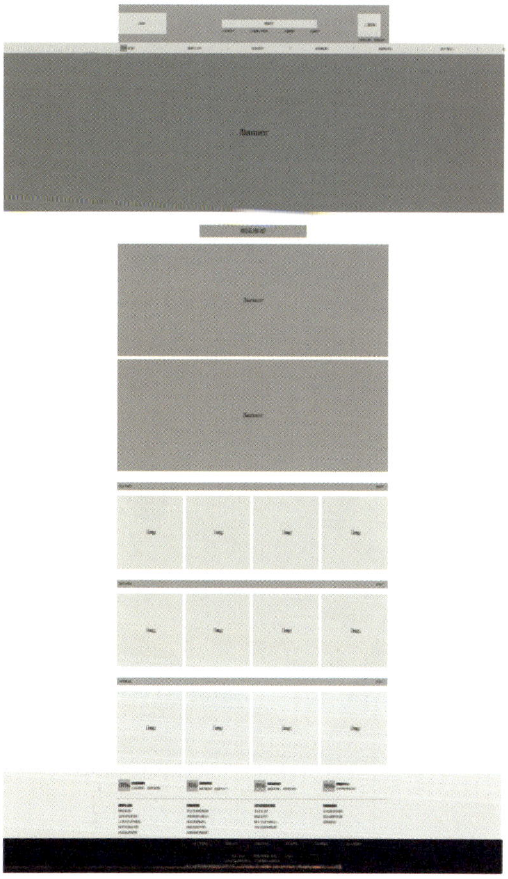

▲ 图 3-2-2　规范的网页骨骼版式

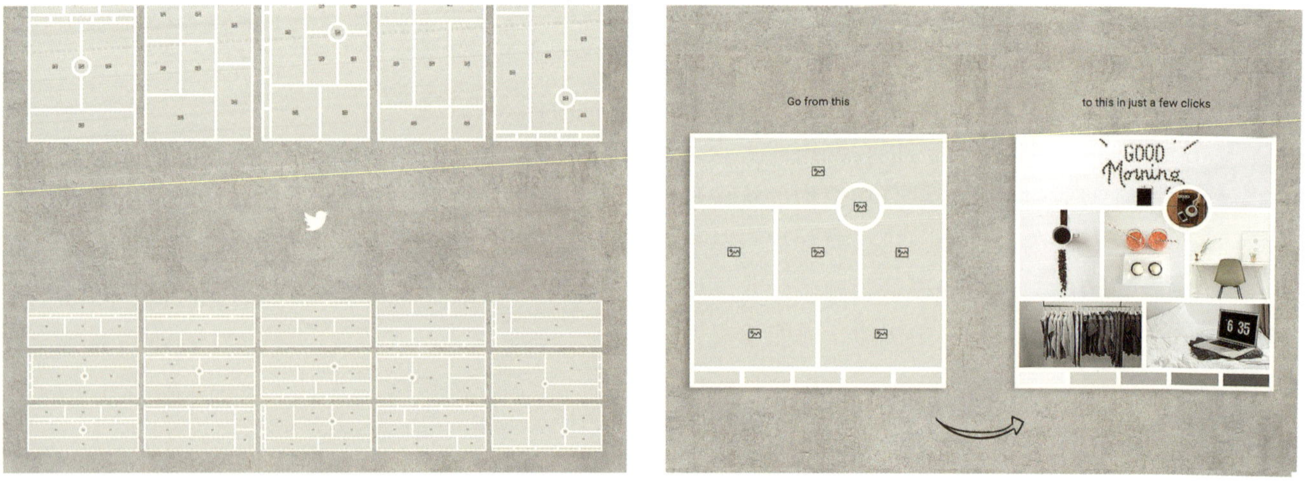

▲ 图 3-2-3　规范的杂志骨骼版式

常见的骨骼有竖向通栏、双栏、三栏、四栏和横向通栏、双栏、三栏和四栏等，一般以竖向分栏居多。规则的版式设计是以“栏”为基本要素，栏是版面变化的规则，栏的作用是使版面条理化和规范化，引导和帮助读者了解内容的顺序，提高阅读的速度和舒适度。栏的设定是以节省时间，适合眼睛一次扫描为原则的，过宽的栏会致使视觉流动缓慢，容易造成视觉疲劳，阅读意愿降低。因此，每栏的字数不宜超过 45 个字，也不宜过少；栏数也不宜过多，更宜单纯。栏与栏之间要留出一定的空白，这些空白有隔离和区分的作用。

通常在文字、图例较多时，可以采用骨骼型排版。比如报纸或书籍，由于文字较多，设计时一定要考虑到阅读习惯的问题（图 3-2-4、图 3-2-5）。

▲ 图 3-2-4　报纸版式设计（一）

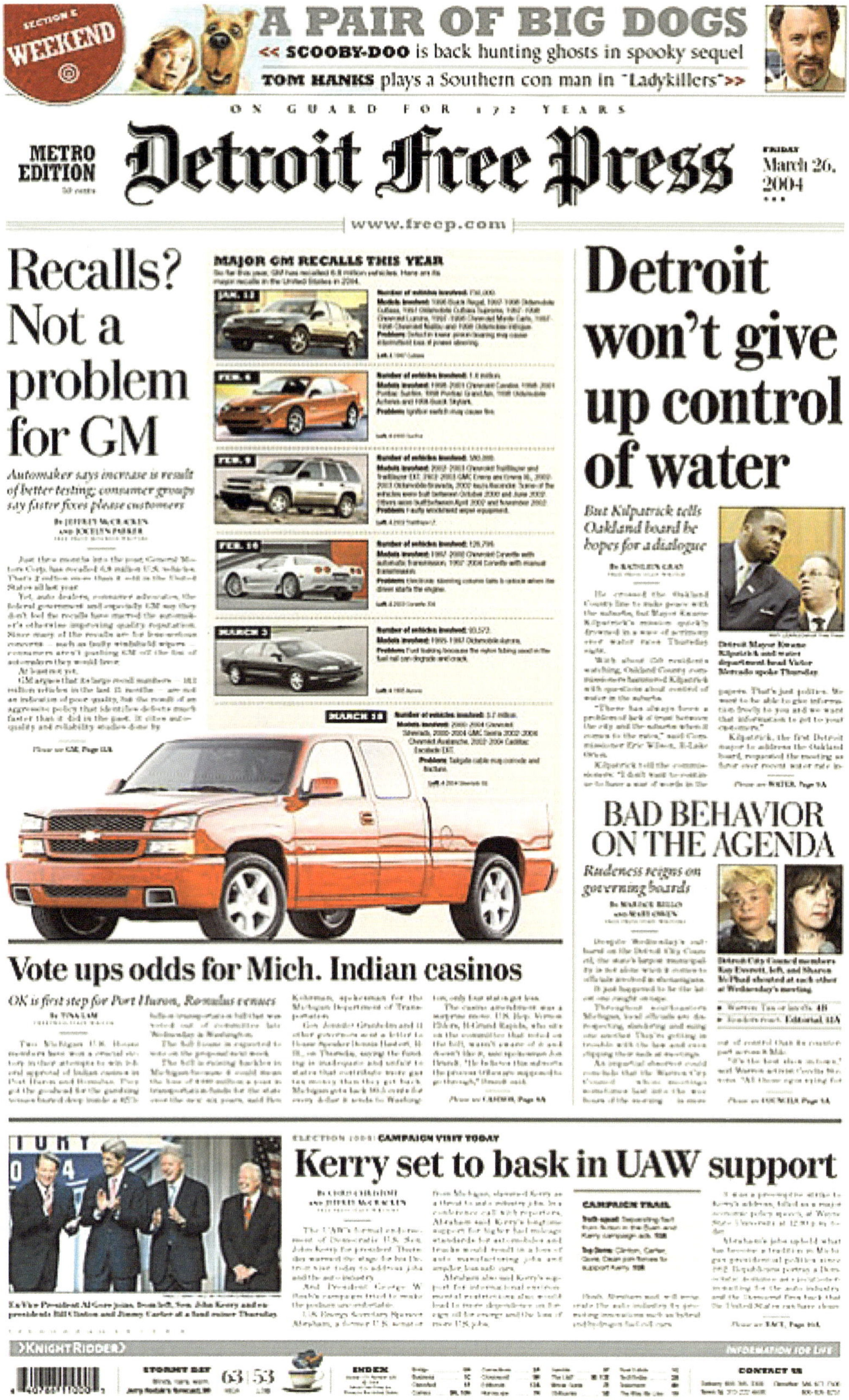

SECTION E WEEKEND

A PAIR OF BIG DOGS

<< SCOOBY-DOO is back hunting ghosts in spooky sequel

TOM HANKS plays a Southern con man in "Ladykillers">>

ON GUARD FOR 172 YEARS

METRO EDITION 50 cents

Detroit Free Press

FRIDAY March 26, 2004

www.freep.com

Recalls? Not a problem for GM

Automaker says increase is result of better testing; consumer groups say faster fixes please customers

MAJOR GM RECALLS THIS YEAR

JAN. 13

FEB. 4

FEB. 9

FEB. 16

MARCH 3

MARCH 18

Detroit won't give up control of water

But Kilpatrick tells Oakland board he hopes for a dialogue

BAD BEHAVIOR ON THE AGENDA

Rudeness reigns on governing boards

Vote ups odds for Mich. Indian casinos

OK is first step for Port Huron, Romulus venues

ELECTION 2004: CAMPAIGN VISIT TODAY

Kerry set to bask in UAW support

CAMPAIGN TRAIL

KNIGHT RIDDER

INFORMATION FOR LIFE

STORMY DAY 63 53

INDEX

CONTACT US

▲ 图 3-2-5　报纸版式设计（二）

骨骼型的版式设计，其清晰的条理性和严谨性能让画面构成平稳，在图片和文字的编排上严格按照骨骼比例进行编排配置，给人以严谨、和谐、理性之美。这种排版方式由于有规律可循，所以不容易出错，但骨骼型版式也有局限性，有时为了打破骨骼型的单一和平稳，设计师也会规整地加入一些跳脱、生动的素材，在规整骨骼基础上，通过合并、取舍部分骨骼以寻求新的造型变化。在统一版面中，常采用多种骨骼并存的手法，以增强版面的生动性和艺术感。

二、“圆融通透”——满版型

顾名思义，满版型就是形象全面铺开、布满构图空间，画面效果饱满。这种方式在中国民间绘画中比较常见，取其圆满、吉祥的美好寓意，如民间刺绣、年画等，有着浓厚的装饰意味和特殊的节奏感，画面满而不挤，加之营造出充实、圆满的气氛，渐渐成为一种独特的构图方式。在视觉传达设计中，“满”字诀的运用堪称精彩（图 3-2-6）。

▲ 图 3-2-6　浓浓的年味——年画满版型

满版型排版通过大面积的元素来传达最为直观和强烈的视觉刺激，使画面丰富且具有极强的代入感和动感。常见的满版型版式设计是指将图像放大以充满整版，用文字进行补充，压置在上下、左右或中部图像上的表现形式图，犹如众星拱月一般，凸显出图像的重要性（图 3-2-7、图 3-2-8）。

▲ 图 3-2-7　满版型海报设计（一）

▲ 图 3-2-8　满版型海报设计（二）

满版型给人以大方、舒展的感觉，是商品广告常用的形式。满版类型的设计风格，主要应用于精美杂志或网站等媒介的广告版上，这种版面设计要求图像清晰，传达的商品信息一目了然（图 3-2-9 至图 3-2-11）。

▲ 图 3-2-9　海报招贴设计

▲ 图 3-2-10　丰田品牌海报设计

▲ 图 3-2-11　星巴克海报设计

一般来说，一个版面上只需 1~2 张主图，否则就会分散读者的关注度和注意力；同时，要注意文字排列，字体最好统一协调，太多的字体会让读者视觉疲惫，从而产生阅读倦怠感。当制作的图片中有极为明确的主体，且文案较少时，便可采用满版型排版。

为了更清晰地理解满版型设计的优势，我们来看以下图例。图 3-2-12 是原图，图 3-2-13 是经过满版排列之后的效果。对比之下，满版构图更利于情感的倾诉和动感的表达，可以根据需要自由发挥，画面风格比较张扬，没有条条框框的限制，比如骨骼的限制等。

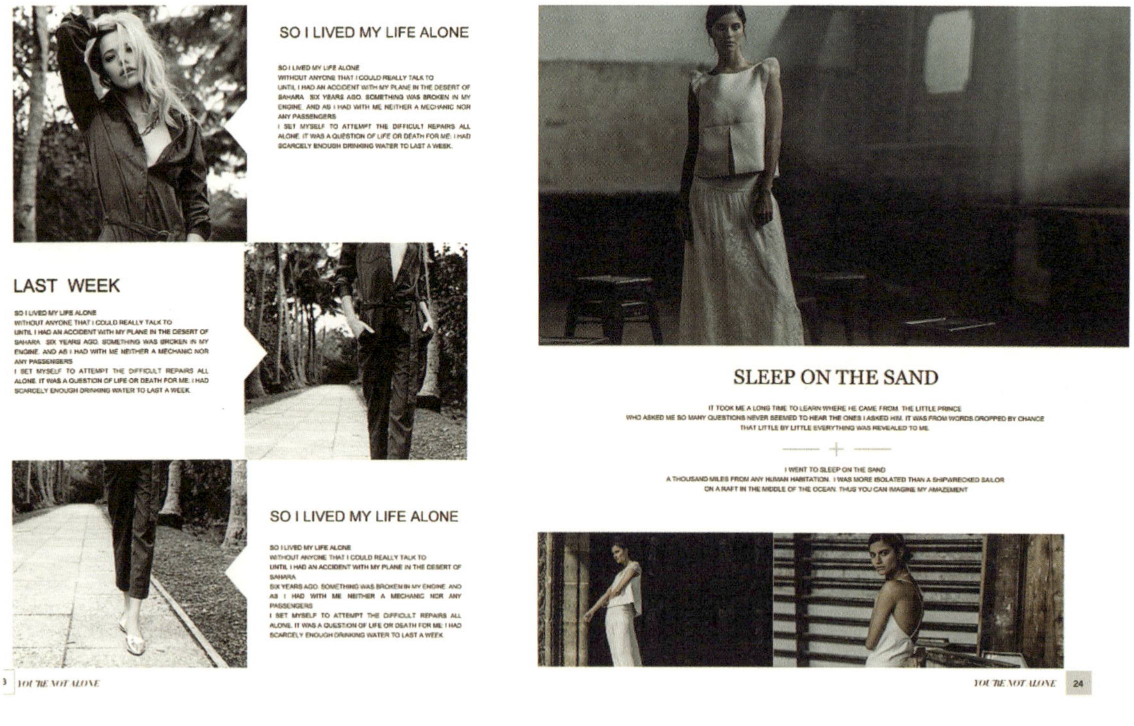

▲ 图 3-2-12　原图

▲ 图 3-2-13　满版型版式设计

满版型的主要优势是可以根据内容和构图的需要，巧妙扩大版图范围，营造动感、个性化的情感诉求。满版型构图也可以通过图像的裁切才能获取。

需要补充一点，在版式设计中有一种四角型的排版形式其实是满版型的延伸。用好页面的四个边角也十分重要，如果让页面的元素无限接近某个边缘，虚空间就会放大，让元素跳出界限，视觉得到扩展，会有更多想象空间，版面也更加大气。此外，还可以利用元素的延续性，让版面有一定的关联，形成通页设计，打破四方的边框限制（图 3-2-14）。

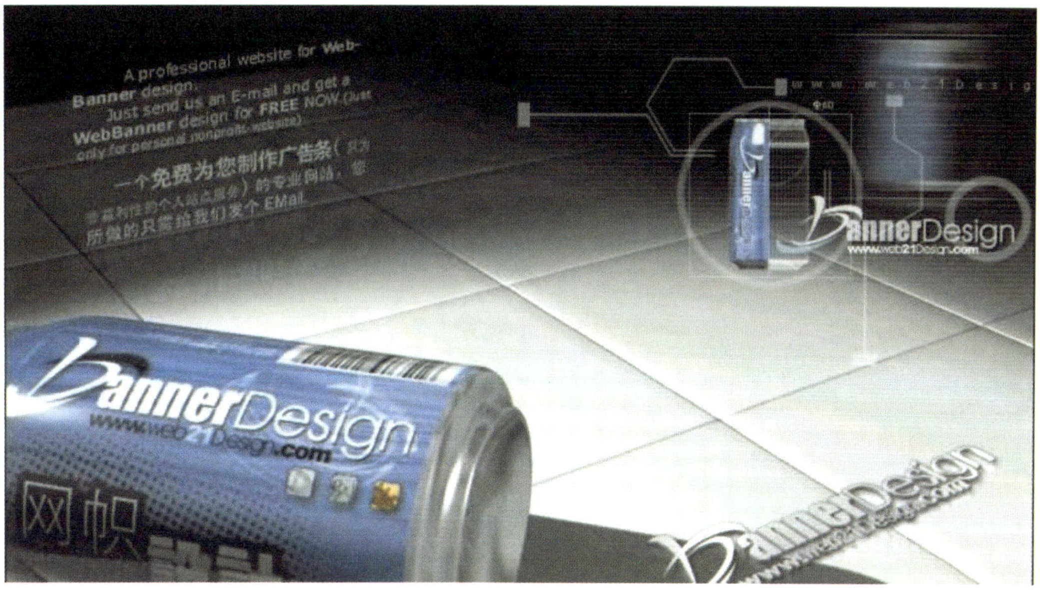

▲ 图 3-2-14　四角型满版设计

三、“怎么切才好吃”——分割型

版面分割是指设计的过程中，常将文字、图片等信息尝试着分级处理，并将版块凭借经验摆放在自己认为合适的区域。分割是平面构成中的基本方法之一，目的是使主题清晰、层次分明。在一些教程或者资料中，会将上下分割与左右分割分开来讲，组成版式构成基本类型十一式或十三式等。本书编者认为是可以整合在一起来理解的，因为无论是上下还是左右，或者是异形边界的块面划分，都包含在分割形式之中。

（一）上下分割

上下分割是指把整个版面分为上下两个部分，在上半部或下半部配置图片，另一部分则配置文案。配置有图片的部分感性而有活力，而文案部分则理性而静止，上下部分配置的图片可以是一幅或多幅（图 3-2-15、图 3-2-16）。

▲ 图 3-2-15　哈根达斯冰激凌海报设计（一）

▲ 图 3-2-16　哈根达斯冰激凌海报设计（二）

图 3-2-17 为插画师 Maria Fedoseeva 的作品，将世界各地有名的建筑绘制成插图，色彩搭配鲜亮柔美，上下分割的构图简洁大气，画面看起来非常精致、舒爽，表面还添加了质感的肌理，使得画面看起来很有视觉张力。

▲ 图 3-2-17　插画作品

（二）左右分割

左右分割是指把整个版面被分割为左右两个部分，分别在左或右配置文案。当左右两部分形成强弱对比时，能提升版面的活跃度。这样的设计，从表面看视觉平衡被打乱，但这种设计的技巧在于，要想办法让两个分割好的部分看上去协调、统一。这种分割型版面通过左右图片和文字两个部分的强弱对比带来视觉上的不平衡感，从而增强版面的活跃性（图 3-2-18、图 3-2-19）。

▲ 图 3-2-18　左右分割海报设计（一）

▲ 图 3-2-19　左右分割海报设计（二）

上面两张图采用分割虚线、小标题等方法进行两个部分的搭配和协调，使左右的图文编排在视觉上呈现出既规整又多变的观感，能够吸引读者继续将文案细细读完。左右分割的排版，在杂志、书籍或界面设计中经常使用。

（三）曲线分割

曲线分割是指图片或文字在版面结构上以曲线的边界呈现，产生节奏和韵律的视觉效果（图 3-2-20、图 3-2-21）。

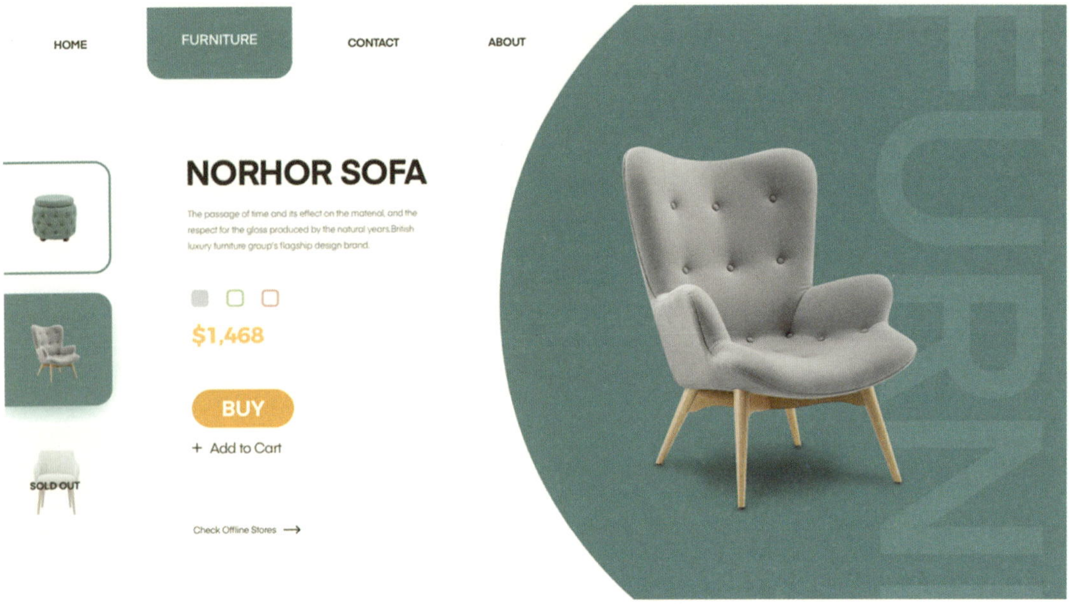

▲ 图 3-2-20　曲线分割海报设计（一）

▲ 图 3-2-21　曲线分割海报设计（二）

分割型的版式设计十分常见，版面的分割无论边线如何，其作用大致相同，都是利用分割线使画面具有明确的独立性和引导性。当设计师面对较多的图片和文字内容需要处理时，便可以采用这种形式。

（四）黄金分割

▲ 图 3-2-22 旋转的楼梯形成黄金分割线

黄金分割法最初由古希腊人所发明，是一种接近完美的比例法则。因此直至今日被广泛应用于各种作品设计中，特别是在版面构成中，常利用黄金分割比例的方法来确定纸张的基本尺寸以及实现编排设计中的平衡效果，从而引起视觉上的美感和协调感。

分割型版式设计优势在于能让画面中的每个部分极为明确和独立，且画面中的元素容易形成平衡，结构稳定，同时在观看时能有较好的视觉流线和方向感，通过分割出来的体积大小也能表明版面内的主次关系，使画面不单调、不拥挤，既可以有效地划分信息与信息之间的关系，也能给版面增加变化和形式感。

文字内容较多的版面设计，如果不将信息做区分的话，很难被观者阅读和理解，如果把不同的信息进行分割，则可以快速、清晰、准确地传递信息。利用分割直接作用到图片或文字上，用另一种角度展现原有的形象，如图 3-2-22 所示，就是对已有的形象分割成若干部分，然后调整分割线，使原本的图片产生错位，表现出不同的感受。

总之，可将分割看成网格的另一种形式，从局部到整体的安排，形成秩序性的美感。

四、"斜而不倒"——倾斜型

▲ 图 3-2-23 倾斜型版式设计

倾斜型版式设计，是指版面主体形象或多幅图版做倾斜编排，这是一种非常有动感的构图，图中的部分元素按一定的角度放置，整体呈倾斜状，形成一条或几条倾斜的线状来划分区域。倾斜型的构图重点就是找到那几条主要的倾斜线，版面设计要遵循斜而不倒的原则方可成功（图 3-2-23）。

这种设计的优势在于它刻意地打破稳定和平衡，从而赋予图形或文字以强烈的结构张力和视觉动感，以吸引浏览者的视线。当制作的图片中要出现律动性、冲击性、不稳定性、跳跃性等效果，可以使用倾斜型排版。倾斜排版可以让呆板的画面爆发活力和生机，当发现自己的图片过于死板或僵硬时，可以尝试让画面中某个元素带点倾斜，可能会产生出奇的效果（图 3-2-24）。

▲ 图 3-2-24　倾斜型版式设计

在倾斜型的构图中，三角形构图是最为经典的一种。三角形的版式是指版面各视觉元素呈三角形排列，正三角形（金字塔形）是最具安全、稳定因素的形态，而倒三角形则给人以动感和不稳定感，侧三角形构成一种均衡版式，既安定又富有情趣（图 3-2-25）。

▲ 图 3-2-25　三角形倾斜型版式设计

小知识

三角形版式或者说倾斜版式都要注意一个问题，就是倾斜度的把握，既要让画面具有动感，又要趋于稳定。

当一些网站还在大规模使用那种直愣愣的垂直水平设计时，一些网站已经开始挑战这一传统并取得了很好的效果。其表现方式也很简单，主要是以下两个方面：

（1）添加一些并不复杂的小斜线，让网站看起来颇为亮眼，充满时尚感。

（2）将版面中的小元素组成各种三角形的符号，实现统一而富有变化的视觉特效。

这样，浏览者在使用网站的过程中，既能注意到网站的功能布局，也不会忽略掉网站的视觉效果。当然，从功能和形式的关系上来看，良好的用户的体验永远是第一位的。作为书籍和杂志来说同样如此，版面设计的初衷是能够让浏览者清晰、快速地理解作品传达的信息，是一种将各类元素巧妙地排列在不同介质上的设计方式，如果单纯地为了加些斜线去实现抢眼的效果，将用户的阅读体验置之不理，就会使受众快速丧失掉好感而选择放弃。

小知识

倾斜型的版式设计要避免为了倾斜而将元素设计得混乱无序的误区。

五、"镜像的左右脸"——中轴型

中轴型版式构成类型，也可以叫作"轴线型"。所谓轴线，一般是指把平面或立体分成对称部分的直线，亦指一个物体或一个三维图形绕着旋转或者可以设想着旋转的一根直线。轴线，又可称为"中轴线""中心线"（图 3-2-26、图 3-2-27）。

▲ 图 3-2-26　沉稳庄重的中轴对称建筑

▲ 图 3-2-27　经典轴线构图

中轴型在版式构成中可以理解为：将图形做水平或垂直方向的排列，文案以左右或上下配置。以中轴线为轴排列的版面给人以稳定、安静、和平与含蓄之感，中轴型排版，利用轴心对称，使其画面展示显得规整、稳定、醒目大方（图 3-2-28、图 3-2-29）。

▲ 图 3-2-28　中轴型版式设计（一）

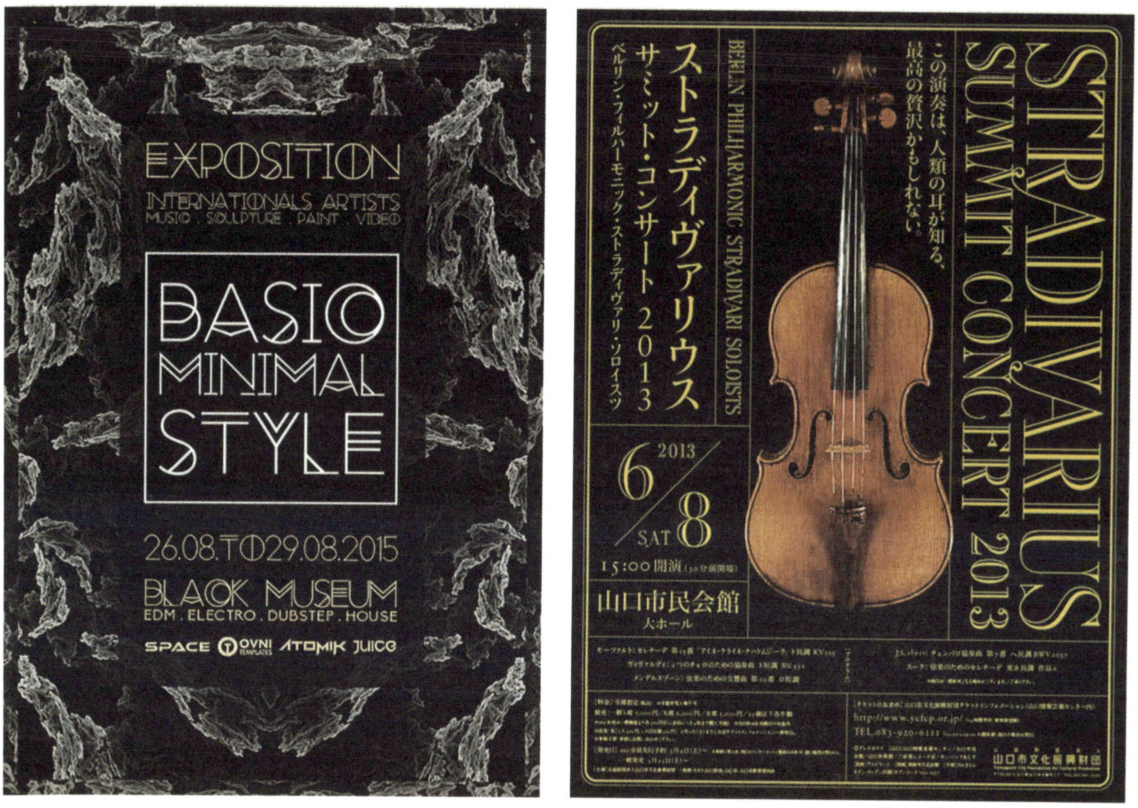

▲ 图 3-2-29　中轴型版式设计（二）

中轴型居中对称的版面特点，在突出主体的同时又能给予画面稳定感，并能使整体画面具有一定的冲击力。海报招贴中的中轴型版式很常见，说到轴线的对称性，就不能回避设计中的“对称”概念（图 3-2-30）。

▲ 图 3-2-30　对称型设计

大自然造物之美在于均衡，而非绝对的对称。我们周围时刻存在着对称的结构，对称的版式给人以庄重、稳定的感受。对称可分为绝对对称和相对对称，版式设计对称一般指相对对称，它与绝对对称相比，避免呆板的同时，保留了经典与完美。

想要做好对称型的版式，掌握中轴线理论，无论横版还是竖版，中间都有一条假想的中轴线，可以把元素中最重要的部分，放在中轴线上，然后根据具体的设计内容，把其余的元素一分为二，放置在轴线的两边。这里的一分为二，不是简单的平均分配，而是结合平面构成原理，协调和统一、均衡与对比、节奏与韵律等原则合理配搭，形成视觉上的平衡和对称。相对对称的核心在于左右两侧的重量近乎相同，而非元素一模一样（图 3-2-31）。

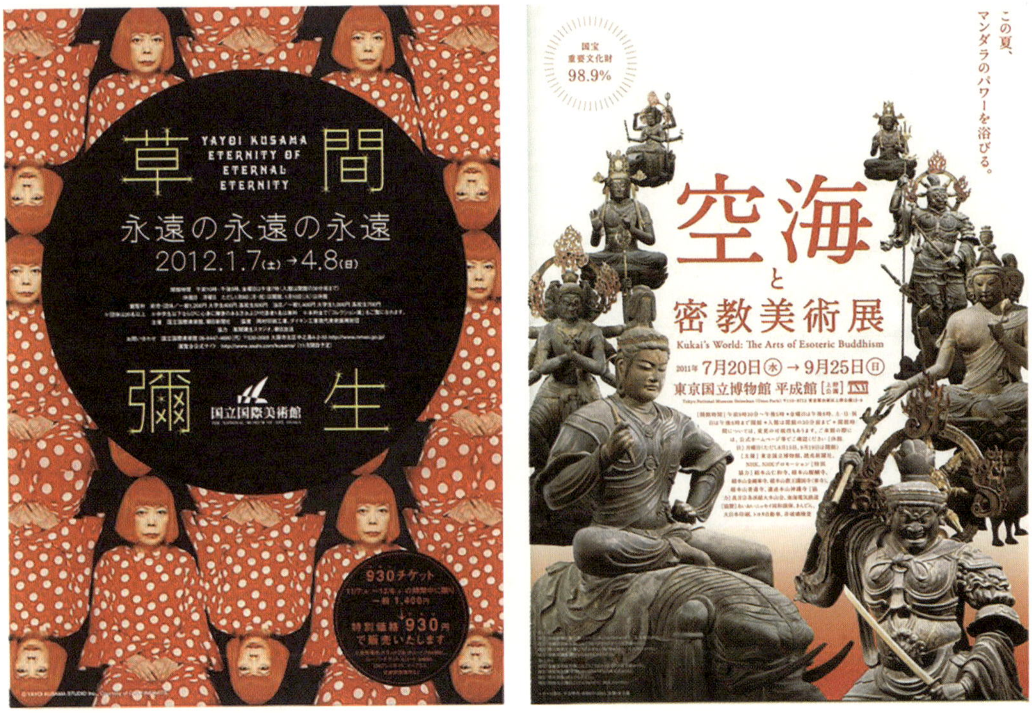

▲ 图 3-2-31　对称型版式设计

小知识

对称型版式的核心在于通过元素的视重实现视觉平衡。

这里再强调一下两个概念：

（1）绝对对称：元素的上下或左右两侧，完全一致。绝对对称善于表现的领域与气质如摄影艺术等，这是一种人工的模拟对称。

（2）相对对称：元素的上下或左右两侧，分量相同但不追求镜像式相同。

六、“与众不同”——并置型

“并置”这个词语从字面意思上来讲不是很好理解，并置的定义是指放置或排列在一个地方或一个位置上。版式设计中的并置型是指将相同或不同的图片做大小相同而位置不同的重复性排列。并置构成的版面有比较、说解的意味，给予原本复杂、喧嚣的版面以次序、安静、调和与节奏感。当面对犹豫不决的商品时，人们通常会将两者放到一起进行比较，并以此来判断选择哪一个。而产品的开发商也会通过对比与竞争对手之间的差异，来体现出自己的优势所在。化妆品会通过对照产品使用前后的画面来表示产品的功效。这些都是将多个元素并排放置到一起进行比较的例子（图 3-2-32）。

▲ 图 3-2-32　并置型设计（一）

并置型的表现形式有点像骨骼型，也会给人以框架和规律的感受，所有的图片、文字或相关元素像队伍一样整齐并列。并置型的表现重点在于与之不同的那个元素，也就是说，这一系列的“士兵”队伍中，我们会去注意到最“与众不同”的那一个（图 3-2-33、图 3-2-34）。

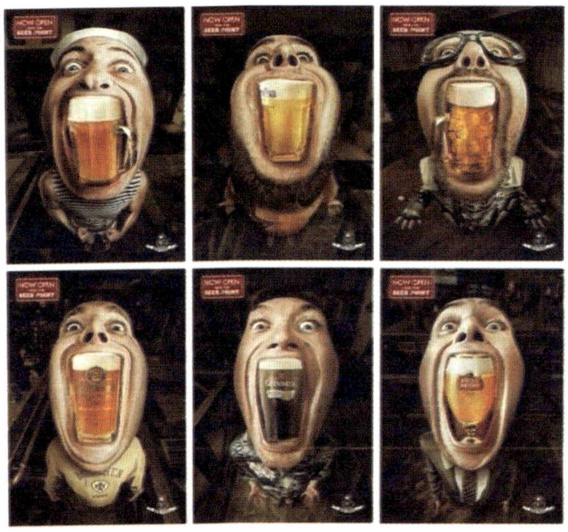

▲ 图 3-2-33　并置型设计（二）

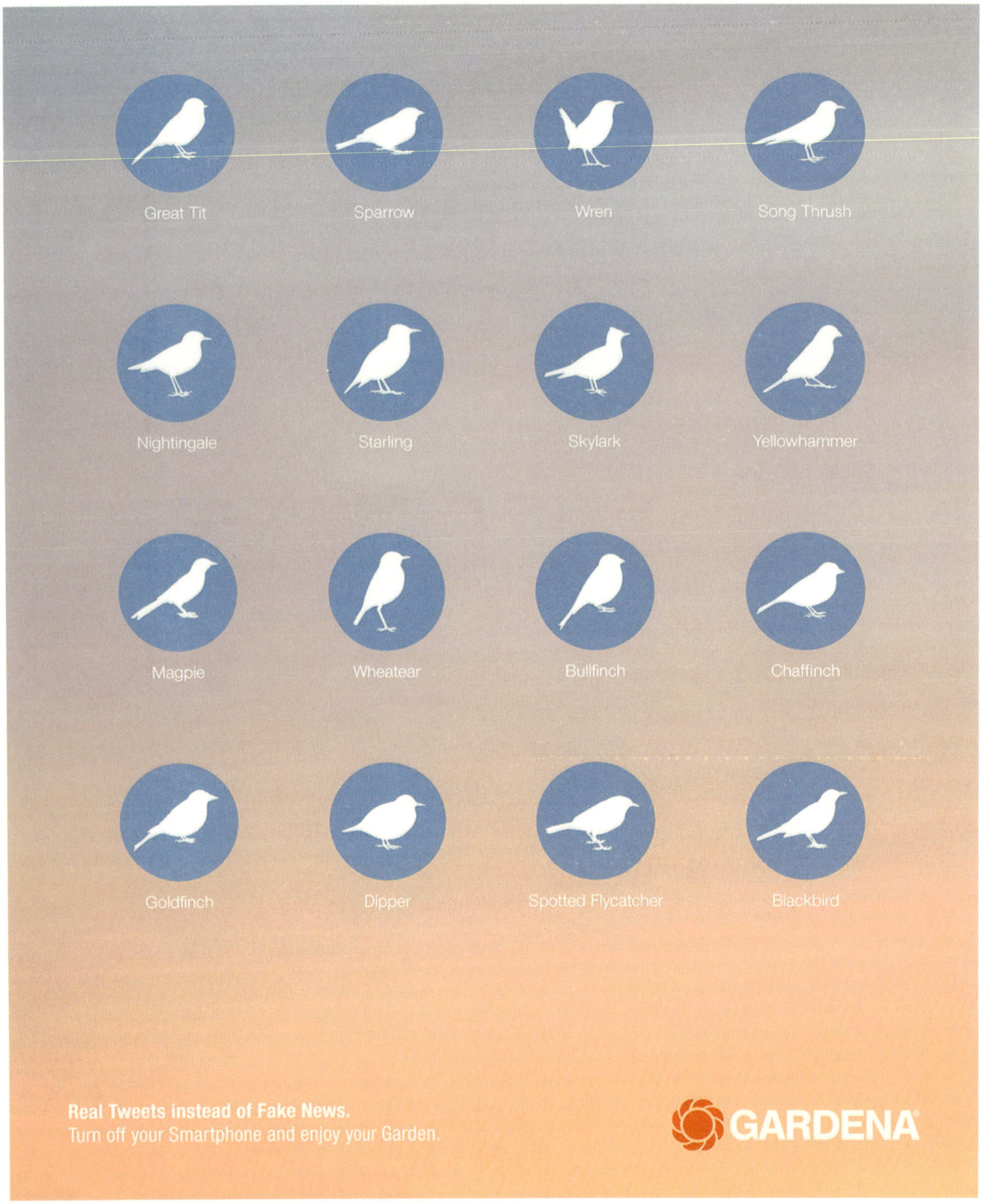

▲ 图 3-2-34　并置型海报招贴设计

小知识

同样是并置型的版式构成，既可以被用来表现同样重要的各个部分，另一方面，最重要的诉求往往可以利用并置型的元素来反衬。

并置型版式的优势包括以下几方面：

（1）可以直观传递所表达内容的核心。

（2）将多个同级别元素并列能够增强关联性。

（3）将看似不相关的内容并置，能够产生有趣的叙事效果。

（4）采用并置的版式构图形式，创意性更强。

在大部分编排设计的场景中，都会出现具有并列关系的内容，包括多个品牌合作时，标志的平行并列编排等；设计书籍、画册时，图片的并置等；网站设计中，界面布局并列关系的 UI 等。

七、“焦点定位”——重心型

重心，是物理学术语，是在重力场中，物体处于任何方位时，所有各组成支点的重力的合力都通过的那一点。规则而密度均匀的物体的重心就是它的几何中心。不规则物体的重心，可以用悬挂法来确定。另外，重心可以指事情的中心或主要部分。

【词语】视重。

【解释】版式设计中的重心是视觉上的重心，简称“视重”。

视重这个概念非常依赖设计师的直觉，视重深受观念和意识及习惯的影响，要做到视觉结构丰富与对称和谐的设计，取决于恰当利用视重并巧妙平衡各元素之间的关系，使之整体统一、协调（图 3-2-35）。

重心型能产生视觉焦点，使版式的视觉效果强烈而突出，所以重心型也被称为焦点型，它包含三种类型：

（1）中心：直接以独立而轮廓分明的形象占据版面中心。

（2）向心：视觉元素向版面中心聚拢的运动。

（3）离心：犹如将石子投入水中，产生一圈圈向外扩散的弧线运动。

第一种是中心型。中心型排版利用视觉中心突出想要表达的元素，这是一种相当直接的行为模式。核心元素非常重要，理所当然地应被放置在最中心。当需要设计的版面中没有太多文字，并且在展示主体很明确的情况下，建议可采用中心型的排版。中心型排版具有突出主体、聚焦视线等作用，在背景的设计上可以适当简化以突出主体物，背景可用纯色，体现高端大气的风格，背景可用单色渐变模式（图 3-2-36）。

第二种是向心型。受众总是会去

▲ 图 3-2-35　重心型海报招贴设计

▲ 图 3-2-36　中心型海报招贴设计

关注事情最核心的部分，在人的潜意识中，聚焦这个功能和习惯是非常普遍的，无论是心理还是感官，总是想探测接收到的信息的中心部分，好像只有这样才有安全感一般，这是一种心理上的“向心”。在视觉设计中，凡是被眼睛接收到的视觉元素都会主动“聚焦”，这就构成了视觉的向心。一般而言，向心型不会产生侵略感，是较为常用的版式技巧。

图 3-2-37 所示系列海报是蒙特利尔的设计师为提升奥林匹克公园的形象而创建的广告海报，这就是向心型的设计。

（1）

（2）

（3）

（4）

（5）

（6）

（7）

（8）

（9）

（10）

（11）

（12）

▲ 图 3-2-37　向心型海报设计

第三种是离心型。离心型的排版，可以称为一种视觉的扩散型，犹如水波荡漾的样子，有视觉发散的功能，和向心型相比，更加具有视觉张力（图 3-2-38）。

了解了三种不同的视觉重心类型，还要注意在不同的版面空间有着不同的视觉吸引力和视觉感受：

（1）重心在画面的下方，会产生稳定、凝重感。

（2）重心在画面的上方，会产生升腾、飘逸感。

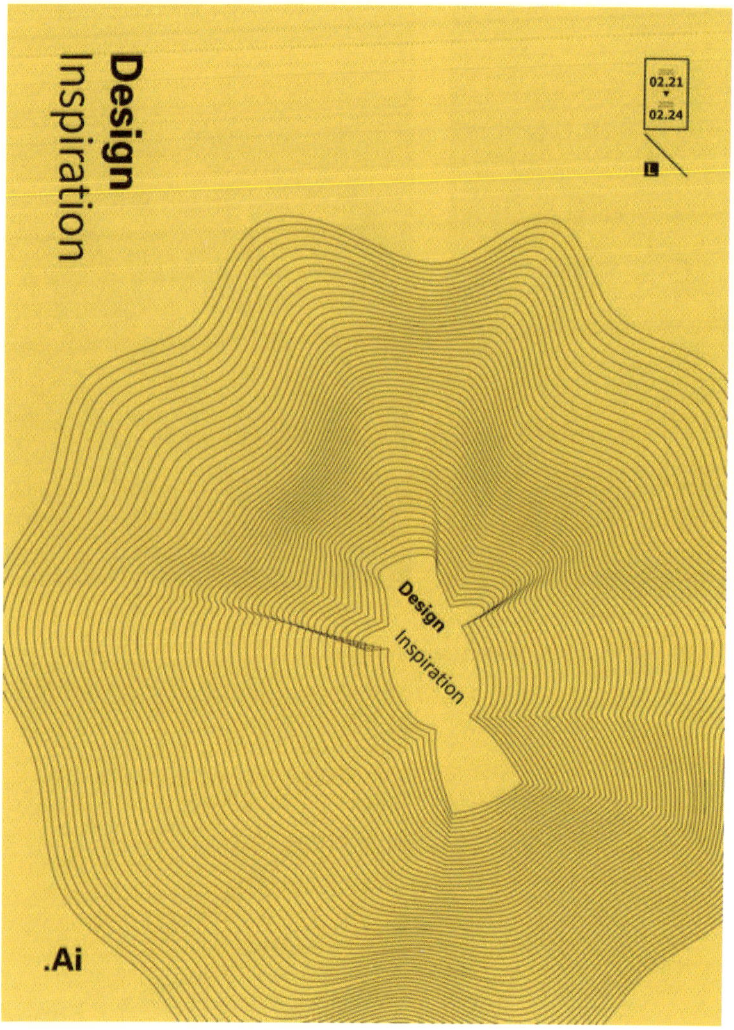

▲ 图 3-2-38　离心型海报设计

（3）重心在右侧边缘中心，会产生阻塞、气闷感。

（4）重心在左侧边缘中心，会产生舒适、流畅感。

（5）重心在画面四周边缘，会产生扩张、奔放感。

（6）重心在画面中心，会产生内敛、凝聚感。

小知识

根据形式美构成法则，当重心在视觉中心时，会产生庄重感，偏离视觉中心会有活泼感；另外要注意的是文字，从整体上去考虑，文字的字距、行距密集有紧凑感，字距、行距疏散有清新感；在人的感觉上，对于左和右也有微妙的差异。例如，根据人的视觉流线原理可知，人的视觉对从右上到左下的流向较为自然。编排文字时，将右下角空着来编排标题与插画，就会产生一种很自然的流向。如果将其逆转就会失去平衡而显得不自然。这种对于左右方向的奇怪平衡感，或许是与人们惯用右手有关，这一点尚待科学论证。总而言之，灵活的运用视觉平衡原理去捕捉画面的焦点，来吸引浏览者的眼光是非常重要的技能。

第三节 “自由之外”

这一节讲的是自由版式设计。所谓自由版式设计，从字面理解就是无任何限制，将所编排的内容以自由组合形式排列的设计方法。自由版式设计打破了传统的、套路化的设计规则与经验的制约，在有限的版面空间中，其看似无规律的、随意的构成特点，彰显着前卫意识个性化和高度视觉张力的特点。

宋代禅宗大师青原行思（图 3-3-1）曾提出参禅的三重境界，在版式设计中亦能套用。在明白了规则之后，尝试打破常规，进入意境之中。然而，最好的设计，是那些跳脱出框架和套路之外的神作，最终亦是返璞归真。参禅之初，看山是山，看水是水；禅有悟时，看山不是山，看水不是水；禅中彻悟，看山还是山，看水还是水。

视觉设计师的层次可以分为 4 种：

第一种，简单的堆砌。堆砌元素是最基础的运用，它确实传达了信息，你仔细去寻找就会找到其中的信息，只不过费时费力，而且看着不怎么舒服罢了。

第二种，规矩的排版。所谓规矩，就是按照设计原则，对齐、重复、对比、亲密，使罗列的信息尽可能让人感到舒服，能尽快找到相应信息，或是长篇阅读下来不至于阅读疲惫。这也是平面设计师最基础的要求。

第三种，极致的把控。如果说规矩的排版已经让人感到舒适了，那么极致的细节处理就会让人愉悦，清新悦目，沉醉其中，不动声色，让人体会不到设计的存在。所以才有人讲，做设计就是做细节。最好的排版是让人感觉不到这是有意的设计（图 3-3-2）。

▲ 图 3-3-1 宋代禅宗大师青原行思

▲ 图 3-3-2 《中国园林建筑》书籍版式设计

本章小结

人在江湖，就有江湖规矩，修到哪种境界，作品说了算，要看作品所传递出信息是低效的还是高效的，是愉悦的还是乏味的……

设计师经历之前成长的过程，经过自身思考，积累长期经验，而最终成就的是一种自我实现。当设计渐入佳境，所有的规则和条条框框都不再设限，套路已被消弥于无形。这时的设计可蕴涵深刻的寓意，传递一种精神向往，甚至是创造一种设计“派别”，这应当是设计的最高境界，或许有着和梵高的《星空》一样的性质，或许“一点都不循规蹈矩”，或许一时难以让人理解。记得有人说过，“设计的最高境界是思辨”，这也算是设计者的最高追求了。

课后习题

1. 列举出至少 3 种本章节版式设计基础类型并阐述其特点。

2. 一张海报的版式设计需要考虑哪些必要因素？

3. 对称与均衡是形式美法则的重要形式表现，在版式设计中，如何处理相对对称和绝对对称的画面？

4. 简述自由版式的自由境界如何进阶。

CHAPTER 4

版式设计视觉元素的表现——『信手拈来』

| 本章概述 |

本章主要包括四个内容，一是版式设计中文字的类型、字号、文字之间的距离及编排方法等；二是版式设计中的图片类型、作用及图片的编排方法等；三是版式设计中的色彩选择、色彩的心理效应及色彩的搭配技巧；四是不同风格的版面设计，包括极简风格、扁平风格等。

| 学习目标 |

通过本章的学习，学生能够了解版式设计中的字体选择、编排方法，明确版式设计中图片的处理方法及选择技巧，掌握不同色彩的版式设计带给受众的心理效应，能够根据要求设计出不同风格的版面。

第一节 文字

一、关于文字

【词语】文字。

【解释】文字是人类用表意符号记录表达信息的工具，使人类进入有历史记录的文明社会。作为最直接的信息载体，是版式设计的重要组成部分，不同的字体、字号、字间距等的使用会使版式设计的风格也会有所差异。文字排版需要根据甲方需求、受众偏好、设计规律等对其进行再设计，从而形成一个实用性与审美性兼具的版面效果。文字在版面中还是一种符号元素，影响着整个版面的视觉效果。所以，文字的编排设计是提升信息传递效率、赋予版面良好审美价值的重要因素。

二、文字的类型与选择

字体选择是文字排版的首要考虑因素，不同的字体具有不同的造型特点和性格特点，设计者需要根据内容去选择或设计字体形式，从而使字体符合受众阅读和审美的习惯，也能够展现出设计者独特的设计风格和设计理念。

（一）汉字字体类型与选择

汉字字体一般分为标准字体和艺术字体。

标准字体是随着雕版印刷技术的发展而确立的，字体结构易于识别、结构严谨，主要包括楷书、隶书、宋体字、黑体，以及当下我们使用的“字体库”里的字体，不同的标准字体在版式中能够传递不同的视觉效果和情感价值。版式设计中常用的标准字体包括：①楷体。楷书的出现标志着汉字作为方块字的最终定型，它在不影响字意的前提下，最大限度地实现了书写简洁、字义明确、造型美观的统一。楷体字体精细、小巧，给人以轻松、秀雅之感，多适合文字较多的版面编排；②宋体。始创于宋代，造型源于书法的楷书，是从北宋刻书体的基础上发展而来。宋体字的笔画与楷书笔画颇为相似，是对楷书笔画的规范统一与装饰加工，盛行于明代，用于版面编排，能够给受众以端庄、典雅、清正、秀丽之感，阅读方便，适用于大段文字的编排设计；③黑体。在宋体字基础上发展而来，在保持宋体字基本结构不变的情况下，使其书写更加方便。黑体的视觉效果简洁大方、粗犷醒目，在排版中多用于标题字，给人以强烈的视觉冲击。图 4-1-1 为人民网的版式设计，标题字选取了醒目的黑体字，令读者能够对主题要素一目了然，而正文则选择了易于阅读、秀丽典雅的宋体，使人能够轻松阅读。

▲ 图 4-1-1　人民网的版面字体运用

艺术字体是在标准印刷字体基础上演变而来的，与标准字体的主要区别在于笔画的比例关系和造型变化上；它的特征是在一定程度上摆脱了印刷字体的字形和笔画的约束，根据设计内容和设计者的需要运用笔画共用、增减笔画、添加装饰等设计手法，以丰富的想象力和创造力重新构成新的字体造型，从而设计出具有独特性、含义更加深刻的字体。版式设计中，艺术字体既可以作为具有识别性的文字传递信息，也作为装饰图形进行呈现。图 4-1-2 是设计师黄海为电影《山河故人》设计的海报，主要采用了笔画共用的形式处理海报中的文字，识别性较强，同时又异于标准字体，使整个版面更具趣味性和力量感。图 4-1-3 为设计师陈幼坚的《东情西韵》作品展的海报，“東”采用了将笔画拉伸变形的方法置于版面重要、代表 East，左边一个颠倒的英文字母“W”，代表 West，从而传递此次展览主旨——East meets West，并利用纸的边缘作为竖线，形成了“陈”字的偏旁，也与此次展览者姓氏相契合。

▲ 图 4-1-2　电影《山河故人》海报

▲ 图 4-1-3 《东情西韵》海报

▲ 图 4-1-4 电影《又见奈良》海报

文字作为版面视觉要素之一，起着传递版面信息、体现设计情感的作用，它不仅具有视觉上的美感，还能够给人以美的享受（图 4-1-4）。中文字体的样式繁多，艺术字体的设计方法比较复杂，为了更好地用文字辅助表面编排，在文字的选择与设计中，一定要注重内容的整体性，把握好不同文字的特性，在此基础上，选择合适的文字设计方式。一般来说，笔画纤细、转折丰富的字体适合优美清新、格调高雅的版面；笔画厚重的字体适合庄严肃穆、具有较强视觉冲击力的版面；笔画圆润的字体适合生动活泼、饱满充实的版面……图 4-1-5 将"冬至"二字作为重要视觉要素，采用较为圆润的笔画进行呈现，营造出温和、柔软的视觉氛围。

▲ 图 4-1-5 清华大学美术学院海报设计

（二）英文字体类型与选择

英文字体由于形体简单清楚，便于认读和

书写，且流传很广，成为世界范围内广泛使用的字母，在版式设计中也是常用的一种字体类型。随着市场需求的变化和设计者的不断努力，英文字体的造型可谓层出不穷，主要可以分为衬线体、无衬线体和其他字体三类。

衬线体是指具有装饰线的字体，在英文字母的笔画中体现出粗细、曲直之感，具有优美、时尚、典雅的视觉效应。按照衬线的造型变化大致可分类为旧衬线体和现代衬线体，衬线体特点是比例工整，线条宽度变化明显。以字母“A”为例（图4-1-6），衬线体在缩小后文字易读性比较差，一般会使用在标题上。图4-1-7为channel的网页界面设计，在banner中，使用了衬线体作为标题字，右侧的说明性文字则采用了可读性较强的无衬线体。常用的衬线体一般有Caslon、Garamond、Baskerville、Times New Roman等。

▲ 图 4-1-6　衬线体

▲ 图 4-1-7　channel 网页界面设计

无衬线体是指笔画末端没有衬线装饰的字体（图4-1-8）。去除衬线的思想是字体变革后期才有的变化，直到20世纪早期才在较大范围内被认可。无衬线体的粗细变化相对一致，整体视觉效果比较统一。无衬线体简洁大方、美观、易读性强，所以在设计中运用很多，无衬线体通常包括Arial、Helvetica、Didot、Bodoni等。图4-1-9为Dior的网页界面设计，标题字使用了时尚的衬线字体，正文则采用了识别度更高的无衬线字体，显得简约大方。

▲ 图 4-1-8　无衬线体

其他字体中较为常用的是手写体和装饰体。利用一个书法笔刷、钢笔或者专业笔等手写的字体都属于手写体。手写体非常文艺、别致，能够增加版面的趣味性，经常用于邀请函和书信中，但手写体不宜多用，用多了就显得太刻意了，而且它的阅读性不强（图 4-1-10）。装饰体是广告或海报求新求异的产物，装饰手法千变万化，既然是"装饰"，应用时就要慎重，不能泛滥，单独的字母、单独的关键词或者独行应用装饰体文字往往更能取得对比鲜明、引人注目的效果（图 4-1-11）。

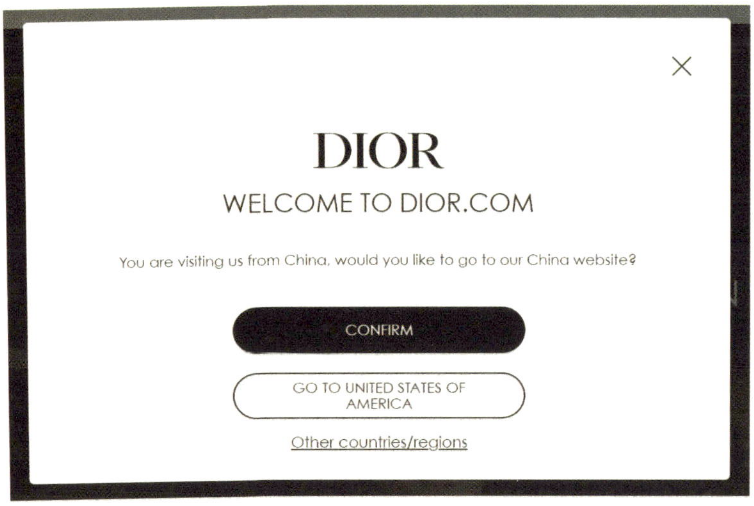

▲ 图 4-1-9　Dior 网页界面设计

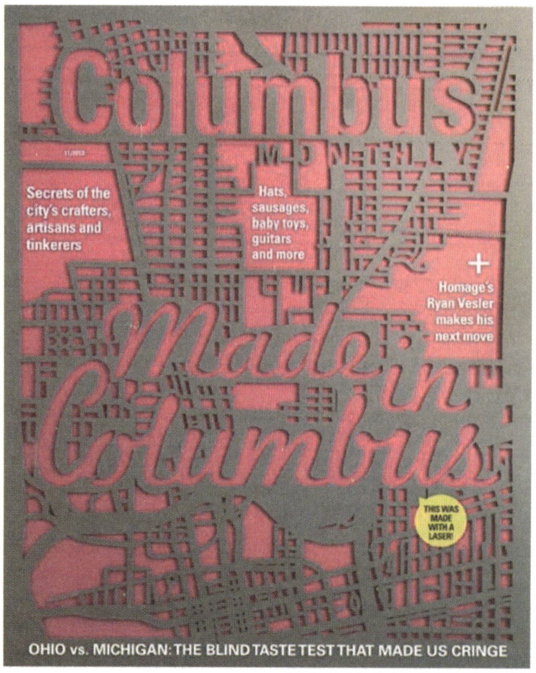

▲ 图 4-1-10　*Columbus Monthly* 杂志封面设计

▲ 图 4-1-11　普瑞特艺术学院海报设计

（三）文字的字号与距离

字号指的是字体大小，我国的字号单位一般使用号数和点数，其中以号数为主，点数为辅。点数又称为磅数（Point，简称 P），是西方国家通用的字号单位。一般印刷物正文排版字号为 10~12pt，互联网界面中字号为 16~20px。

距离包括字间距和行间距。字距是指字与字之间的距离，行距是指每行文字之间的距离。字距与行距过窄会导致视觉混乱，不能有效地分辨出文字内容；而过宽则会视线分散，使阅读缺乏节奏感、降低阅读速度。所以，对文字间的疏密度掌握是至关重要的（图 4-1-12）。字距、行距的选择通常也是依靠设计规律和设计者的审美素养，是设计者对版式设计内容的一种心理感受的表达。通常所采用的字距、行距比例为 10 ∶ 12（图 4-1-13）。从审美视角来看，行距对版面设计也具有一定的装饰作用，设计者有意识地对行距进行调整，能够彰显设计风格，增加版面层次感。

回望历史，我国各族人民同呼吸、共命运、心连心的奋斗历程是中华民族强大凝聚力和非凡创造力的重要源泉。展望未来，实现中华民族伟大复兴，需要各民族手挽着手、肩并着肩，共同努力奋斗。

回望历史，我国各族人民同呼吸、共命运、心连

心的奋斗历程是中华民族强大凝聚力和非凡创造力的

重要源泉。展望未来，实现中华民族伟大复兴，需要

各民族手挽着手、肩并着肩，共同努力奋斗。

▲ 图 4-1-12　不同行距的文字排版

回望历史，我国各族人民同呼吸、共命运、心连心的奋斗历程是中华民族强大凝聚力和非凡创造力的重要源泉。展望未来，实现中华民族伟大复兴，需要各民族手挽着手、肩并着肩，共同努力奋斗。

▲ 图 4-1-13　行距为 10 ∶ 12 的文字排版

（四）版式设计中文字的表现原则

文字的编排设计除了要把握各个细节的要求之外，还必须注重文字内容的整体编排，各个段落的内容一定要满足和符合整体编排需求。根据版式设计中文字的表现原则，从全局出发，形成一个主次分明、逻辑清晰的版面效果。

1. 可读性原则

版式设计中，字体旨在帮助受众正确认识事物属性，从而为其提供有益的帮助和服务。文字编排设计应该尽量避繁就简，以突出文字的信息传达功能为主体，从而满足受众的阅读习惯，而不要过分强调其装饰效果，使其失去阅读的最初意义。在选择字体时，不但要注意不同字体的种类、大小、轻重、繁简等要素之间的和谐统一，还要注意字体的视觉距离，使人易认、易懂。艺术字体的设计及运用过程中，要变得合理、有创意，并具有可读性，

▲ 图 4-1-14　电影海报设计中字体可读性的呈现（一）

不能只求变化，不求认知，无人读懂就失去了字体的基本意义。

可读性设计作品如图 4-1-14 至图 4-1-16 所示。

▲ 图 4-1-15　包装设计中字体可读性的呈现

▲ 图 4-1-16　电影海报设计中字体可读性的呈现（二）

2. 艺术性原则

优秀的版面文字编排能够在准确传递信息的同时还能给人以良好的视觉感受。当设计者根据内容属性、受众偏好等进行文字编排的时候，既要讲究实用性，也需要适当地注意艺术性，从而使版面设计为受众服务（图 4-1-17、图 4-1-18）。

▲ 图 4-1-17　电影海报设计中字体艺术性原则的呈现

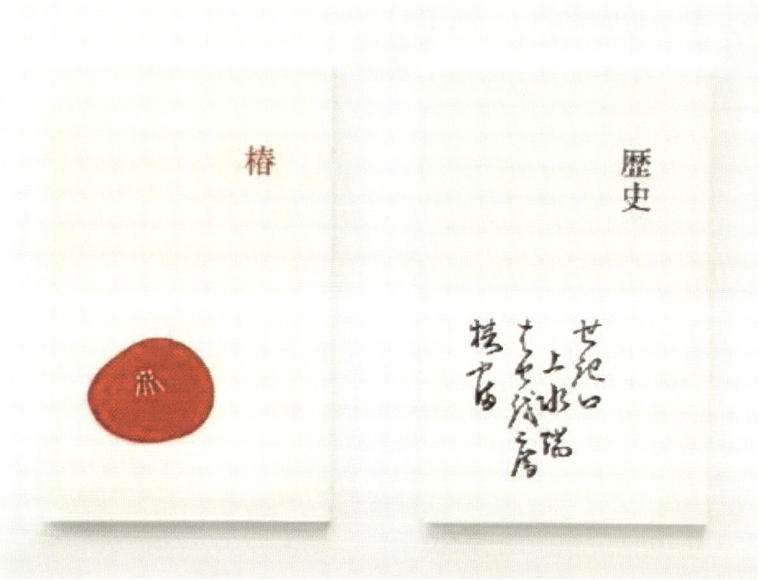

▲ 图 4-1-18　书籍装帧设计中字体艺术性原则的呈现

3. 内容与形式相统一原则

形式是指文字外在的一种属性，即各种字体；内容则是指文字所表达的内涵与主题思想。文字字体的选择必须与设计对象的调性契合，文字编排设计一定要与作品的整体风貌相符合，如果二者发生冲突，就可能影响到信息的准确传递。文字编排的外在形式满足其内容的内在特征，通过字形设计、结构安排等环节，更好地凸显设计内容的内涵和情感，能够辅助受众认识内容，并获得良好的视知觉感受，只有这样，才能做到和谐统一（图 4-1-19、图 4-1-20）。

▲ 图 4-1-19　电影海报设计中统一原则的呈现

▲ 图 4-1-20　药品包装设计中统一原则的呈现

4. 信息层级清晰原则

在设计过程中，我们不可避免地会为文字较多的版面进行设计，所以在信息层级清晰成为文字较多的版面排版的重要原则。设计者根据甲方的设计要求及风格定位，选取合适的字体、字号、行距、字体的粗细，并明确区分标题、正文等信息，使整体版面能够逻辑清晰、信息传达准确，让受众迅速获得版面的有效信息。例如，标题用字选择较粗的字体比较合适，一般选用黑体、微软雅黑、方正大黑、汉仪粗黑等。而正文字体的选择为了方便阅读、减少视觉疲劳，会选择笔画偏细的字体，一般包括宋体、等线、仿宋体等（图 4-1-21 至图 4-1-23）。

▲ 图 4-1-21　包装设计中信息层级的体现

▲ 图 4-1-22　包装设计中信息层级的体现

▲ 图 4-1-23　包装设计中信息层级的体现

（五）版式设计中文字的编排方法

1. 文字对齐设计

文字的对齐处理能够使版面具有条理性，常用的对齐方式包括左对齐、右对齐、居中对齐、两端对齐等。左对齐是使用最多的排列方式之一，符合当下受众的阅读习惯，视线流动的节奏感强，如图 4-1-24 所示为武汉华夏理工学院的毕业设计展海报设计，将图形信息置于画面右侧，文字采用左对齐的方式置于画面左侧，工整且信息层级清晰。右对齐也是一种使用较多的对齐方式，适合文字信息较少的版面编排。右对齐不太符合受众的阅读习惯，所以常作为一种辅助性对齐方式进行使用，如图 4-1-25 所示为南京艺术学院的毕业展览海报设计，在版面的左侧采用了文字对齐的方式，而为了使画面达到平衡的效果，则在右侧采用了右对齐的方式，从而使画面均衡。居中对齐也是使用较多的排列方式之一，这种对齐方式的视线流动的节奏感强，但由于每一行形成了一定的错位，打断了流畅的阅读体验，一般不适合大段的文字排列布局，如图 4-1-26 所示为天津美术学院 2020 年毕业展览海报设计，将所有的文字信息居于画面中间，从而吸引受众的注意力。两端对齐常用于大段文字的排列布局，如书籍正文、报纸、杂志的排版常用此种对齐方式。

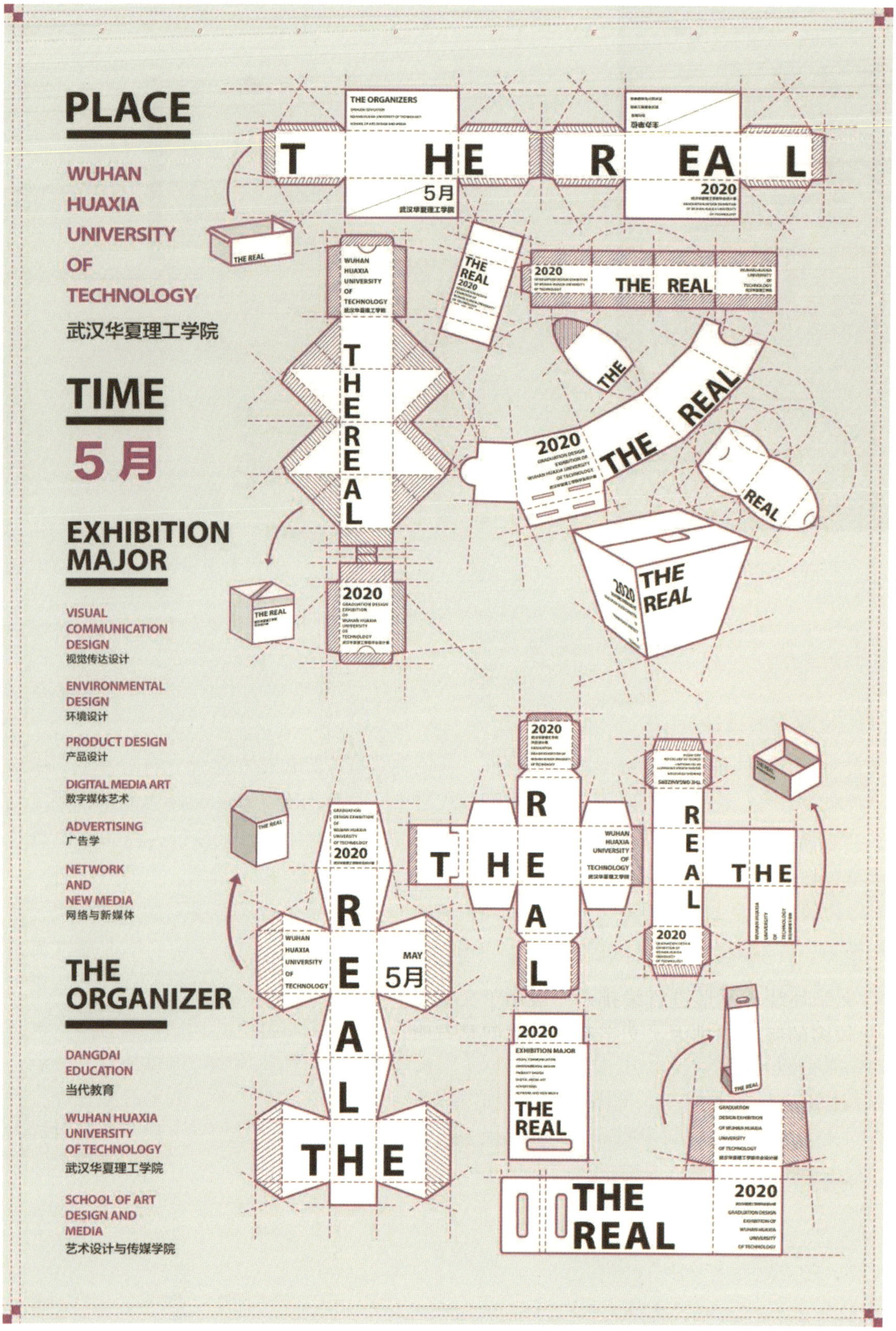

▲ 图 4-1-24　文字左对齐版面编排

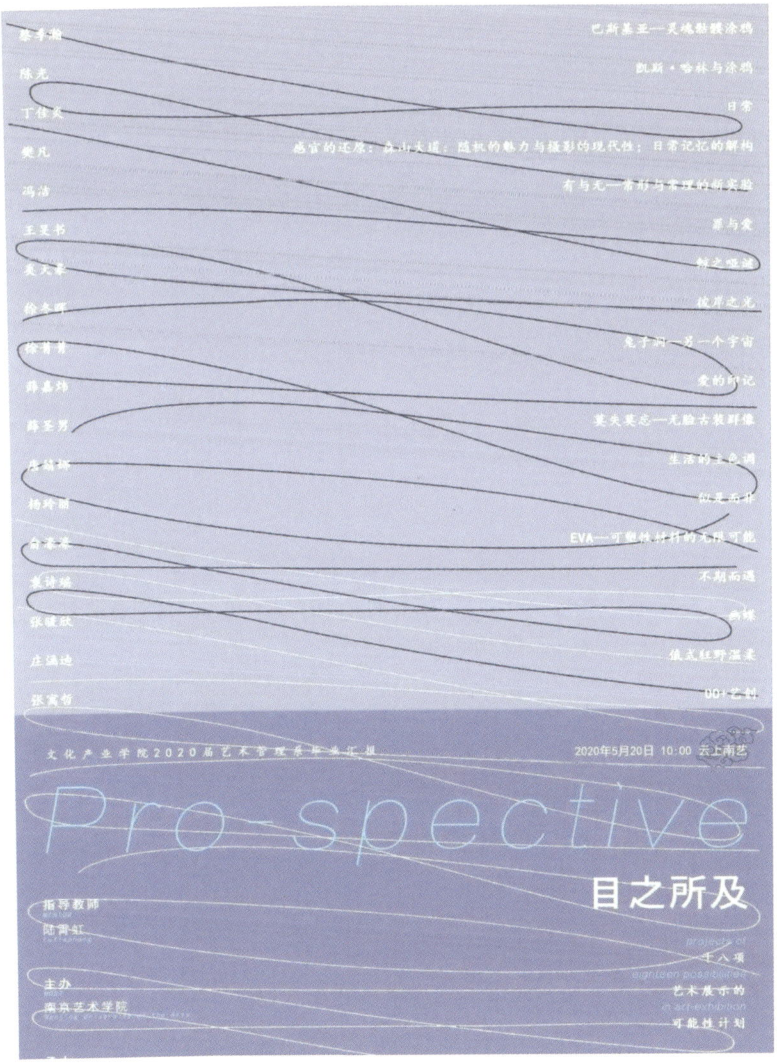

▲ 图 4-1-25　文字右对齐版面编排

▲ 图 4-1-26　文字居中对齐版面编排

2. 文字环绕图形

文字环绕着图形进行编排，一般用于文字信息比较多的版面编排中，文字和图片之间具有明显的造型呼应关系，图形可以是规则的、也可以是不规则的；这样的编排方法能够使图文穿插、活跃版面氛围。图 4-1-27 为百事公司的产品包装排版设计，将文字围绕嘴唇进行排列，显得巧妙而和谐。

3. 文字图形化设计

文字图形化处理就是将文字作为最基本的点、线、面进行处理，使其成为版面编排的一部分。

▲ 图 4-1-27　文字围绕图形排版

字体的图形化设计有利于页面氛围的营造以及更好的传递产品的特性以及功能等，特别是对标题文字进行特殊的设计处理，与其他的文字内容形成对比，能够引起读者的兴趣，从而有效地传递页面的重点信息（图 4-1-28）。文字图形化处理比较具有创意性，通过这种方式营造趣味性、增加页面的活力。文字图形化设计通常采用将字体变形、字体笔画同构等方法。包括数字、汉字、英文字母等进行图形化。图 4-1-29 为陈幼坚“设计与生活”展的海报设计，将“深圳”“香港”两个词语组合成筷子的形态，寓意深圳和香港就像一对筷子一样缺一不可，用两只筷子代表深圳和香港两地密切的关系，显得既有创意、又有趣味。图 4-1-30 为天津师范大学津沽学院的作品展海报，同样采用点线面等视觉要素对“2019”这几个数字进行填充，使受众观看海报时，既能够一目了然地明白是 2019 年的毕业展览，又能够增加画面的美观性。

▲ 图 4-1-28　书籍装帧中的文字环绕图形排版

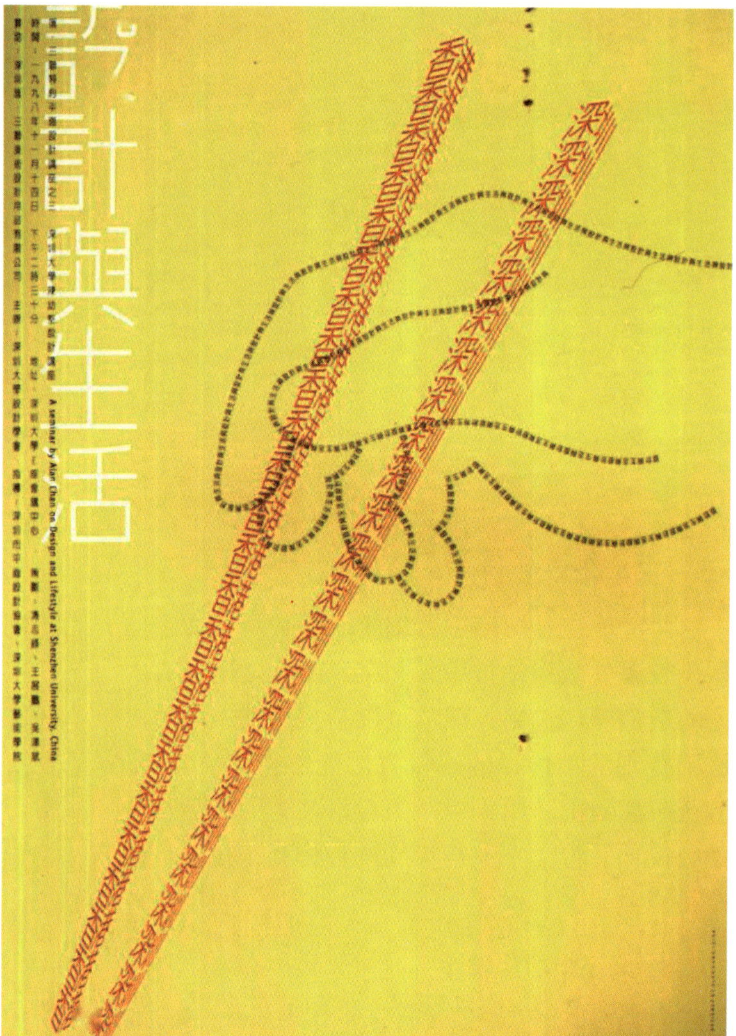

▲ 图 4-1-29　“设计与生活”展的海报设计

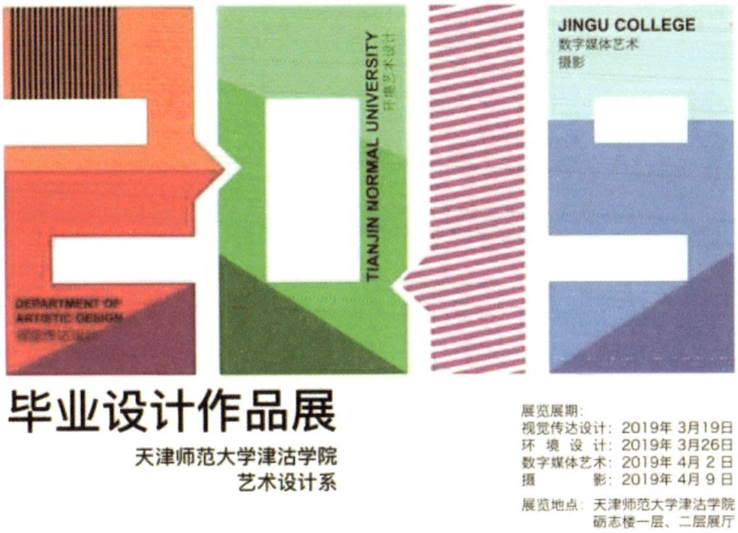

▲ 图 4-1-30　天津师范大学津沽学院的作品展海报设计

第二节　图片

一、关于图片

【词语】图片。

【解释】图片是指由图形、图像构成的视觉媒介，是版式设计中的重要组成元素，并承载了版面信息图形化传递、装饰版面等功能。图片的表现力、创造力在版式设计中体现出独特的魅力，以及一目了然的视觉效果和时效传达性。图形作为视觉语言，在版式设计中还可以帮助分割和装饰版面，让整体的版式更直观，要传达的信息在视觉上看更清晰、明了。比如点、线、面图形可以作为分割线来分割版面，也可以用更具象的图形做版面的分割，使版面充满趣味和灵活性。图形放在版式的中间冲击力最强，仿佛近距离对话的真实感让人产生强烈的心理反应。图形放在版式的下部可以突出版面的文字元素，并使版式整体稳定、宁静，辅助观者安心阅读。

二、图片的作用

图片是文字的间接解说，是比文字更形象的视觉语言，在版式设计中有着不可替代的作用。

（1）图片能够提高版心率。当版面设计内容较少时，可以适当地选择与之相关的图片进行补充，这样既能够更明确地突出设计主题，又能够减少版面留白，使版面变得饱满而完整。

（2）图片能营造版面层次，在版面中合理地对图片进行处理和排列，使之与文字语言穿插，能够使版面更具层次感，受众阅读的视觉节奏感更强。

（3）丰富版面形式语言，帮助受众理解。图片和文字都代表着不同的形式语言，而文字往往地域性很强，不同的区域、民族一般采用的文字会有所差异，所以此时若辅以图片进行说明，能够有效地提升版面信息的传达效率，并丰富表现形式。

三、图片的类型及处理技巧

1. 图片的类型

在版式设计中，图片来源分为摄影类图片和设计类图片。摄影图片即在特定时刻、特定地点、特定情境下拍摄的具有特殊意义的图片，通常为位图格式。设计类图片主要是指设计者根据需求而完成的作品，一般包括数字插图、标志、卡通形象等，通常有矢量图形和位图两种格式。

2. 图片的处理技巧

造型调整，是指将素材图片进行拆分处理或去底等，使图片呈现出新的造型，如矩形、三角形、不规则图形等，从而使图片的表现形式更具多样性。图 4-2-1 为深圳市格外设计经营有限公司所设计的口罩包装，将卡通设计图片用镂空的方法处理，以便露出产品，既有趣味性，又能够使受众一眼看到真实的产品。图 4-2-2 为日本潮牌 Ca4la 的网页界面设计，设计师将图片进行了去底处理和散点式布局，既能突出帽子种类繁多，又使画面具有格调。

▲ 图 4-2-1　口罩包装设计

▲ 图 4-2-2　Ca4la 的网页界面设计

色调调整，即不同的色彩调性会形成不同的版面效果，从而影响受众的阅读心理。所以，在同一个版面内，一般会根据内容主旨、图片总体色调等进行适当的色彩调整，从而使画面效果既符合内容主旨，又能够协调统一。图 4-2-3 为电影《假如比尔街可以作证》的海报设计，为了色调统一，设计师将人物形象和建筑色调进行了调整，使画面效果更加和谐。

▲ 图 4-2-3　电影海报设计

尺寸调整，即图片的大小一般需要跟随版面尺寸而改变，在版面编排时，合理地将图片的尺寸进行调整和裁剪，能够直接影响整个版面的视觉效果，使图片与文字的面积关系更加合理。通常，图片的尺寸较大时，对信息的展示更加明确，视觉张力越强，对受众的吸引力越高，信息的传递效率也随之提高。图片尺寸较小时，能够使版面效果变得小巧精致，但信息传达的清晰程度没有尺寸较大的图片高，小图单独出现在版面中，有引导视线和装饰画面效果的作用；当图片较多、版面尺寸不大的时候，小图可以以群组的形式出现，排列时讲究形式美感，能够给人一种具有节奏感的视觉效果。图 4-2-4 为 iPad Air 的版面设计，通过将小的产品图片去底处理后再组合成一个大图，具有秩序感的垂直式排列，既有视觉美感，又突出了产品类别的多样性。

▲ 图 4-2-4　iPad Air 的版面设计

四、版式设计中图片的编排方法

1. 铺满版面

即把图片铺满整个版面，这种处理方式能够使图片具有较强的视觉张力和准确的信息传递能力，但需要图片具有较高的质量。图 4-2-5 为“East Meets West”陈幼坚个展海报设计，采用在沙土上写字的方式来创作，左图是西方的英文 WEST，右图是一个“東”字，将图片铺满整个版面，既有视觉张力，又明确传递了东方遇见西方的展览主题。

▲ 图 4-2-5 “East Meets West”主题海报设计

2. 四周留白

四周留白指图片要比版面小，从而四周都留出空白，能够让版面显得干净、清晰，并有凝聚视线的作用；即使图片的分辨率不是太高，也可以考虑使用此方法。图 4-2-6 为 *Spleen Magazine* 的封面设计，将图片四周大面积区域留白处理，使受众观看时很容易把视线聚焦在中间的图像上，文字信息则置于边缘区域，能够起到说明和点缀作用。

▲ 图 4-2-6 *Spleen Magazine* 封面设计

3. 色调统一

采用相同或相近色调的图片，使之置于同一版面内，能够给受众良好的视觉感受，也能营造出具有协调性的画面。图 4-2-7 为日本传统餐具品牌

Hasamiyaki 的网页界面设计，使用重复的形式，将在同一背景下拍摄的图片进行排版，并与导航栏的色调相统一，从而呈现出一个统一、简洁的版面。

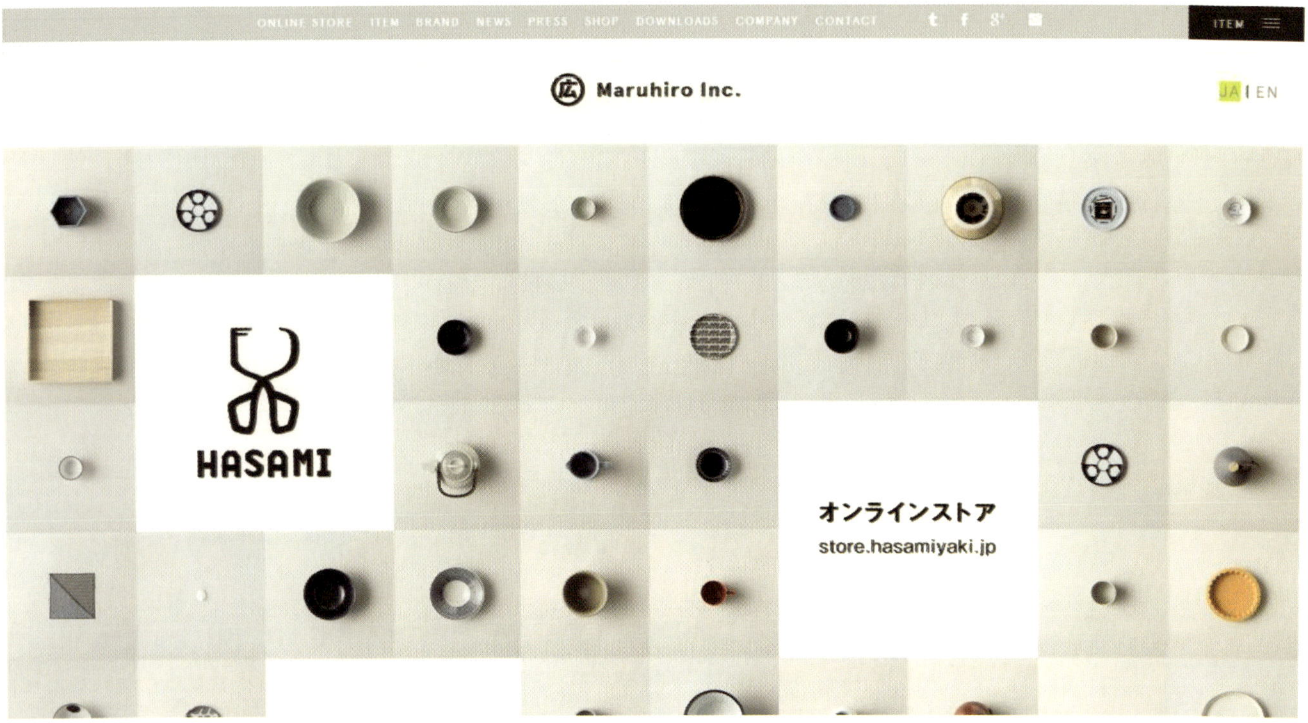

▲ 图 4-2-7　Hasamiyaki 的网页界面设计

4. 图片拆分

借助图片处理软件将素材解构成若干份，再根据版面需求进行重组，使之具备新的展示效果，这种方法更有设计感和趣味性，需要像素较高的图片进行拆分。图 4-2-8 为 *Blend* 杂志的封面排版，将摄影图片进行去底处理，然后拆分成两个部分置于版面两侧，文字则居中处理，使版面视觉效果平衡，并有一定新意。

5. 图文叠加

将图片与文字进行穿插组合，让文字成为图片的一部分，增加画面的层次感。图 4-2-9 为纽约时报杂志的内页设计，整体用色活泼大胆，图文的联系紧密。

▲ 图 4-2-8　*Blend* 杂志的封面排版

▲ 图 4-2-9　纽约时报杂志的内页设计

6. 营造秩序

在版式设计中，很多时候会遇到多个图片需要排列在同一个版面中的情况，为了避免画面效果混乱，可以采用重复、渐变、发散等方法进行设计。图 4-2-10 为第四届环球花园生活节的嘉宾介绍版面设计，将图片裁剪后进行有序的排列，既有创新性，又具秩序感。

▲ 图 4-2-10　第四届环球花园生活节嘉宾介绍版面设计

第三节　色彩搭配

一、关于色彩

【词语】色彩。

【解释】色彩是透过眼、脑和生活经验所产生的一种对光的视觉效应，是人脑识别反射光的强弱和不同波长所产生的差异性感觉。1666 年，牛顿将一束太阳光从缝隙引入暗室，通过三棱镜的折射，白色的太阳光被分解为红、橙、黄、绿、青、蓝、紫七种宽窄不同的颜色，并以此顺序固定排列，从而形成光谱。色彩分为两大类别，一个是无彩色，如黑、白、灰等；一个是有彩色，如红、黄、蓝等。在版式设计中，配色占据着不可或缺的地位，对色彩的明度、纯度、色相的把握是促进版面色彩合理搭配的重要方面。通过色彩不同的冷暖性、对比与调和、面积等，能够营造出不同的情绪效果，也能在一定程度上反映出与文字的关联性。

二、色彩的心理效应

不同的色彩能够带给受众不同的心理效应。一般情况下，白色象征真理、光芒、纯洁、贞节、清白和快乐，在版式设计中以白色为主色调，能够给人以明快、清新的感觉，营造出轻松的氛围。黑色代表神秘、黑暗，令人产生悲哀、暗淡、伤感和压迫的感觉。红色是一种热烈的颜色，象征着胜利、喜庆、鲜血、烈火、生命等。黄色是色谱中最令人愉快的颜色，象征着富贵、金钱、丰收等，版面中黄色的使用可以激发人的朝气，令人思维敏捷。橙色能够令人感到温暖、活泼和热烈，也有警示的作用。绿色是希望、生命力、健康、安全的象征，给人以宁静的感觉，可以降低视觉疲劳，安定情绪。蓝色是大海的颜色，意味着平静、科学、神秘等，在蓝色的版面中，能够使受众情绪安静、放松。紫色代表柔和、退让、沉思和浪漫等，给人以宁静、镇定和幻想的心理效应。

三、版式设计中色彩的选择技巧

1. 根据内容调性选择

任何一个版面中，都会有主题思想和主体内容。从设计者的视野来看，可以根据所要做版式设计的内容来进行调性分析，掌握其主要需要传递出的情感和风格，从而确定主色调。这样的方法能够使版式设计的内容与色彩具有统一性，降低消费者的认知成本。例如，版面内容是一个颇具神秘感和科技感的主题，对于色彩的选择更倾向于蓝色或黑色等（图 4-3-1）。

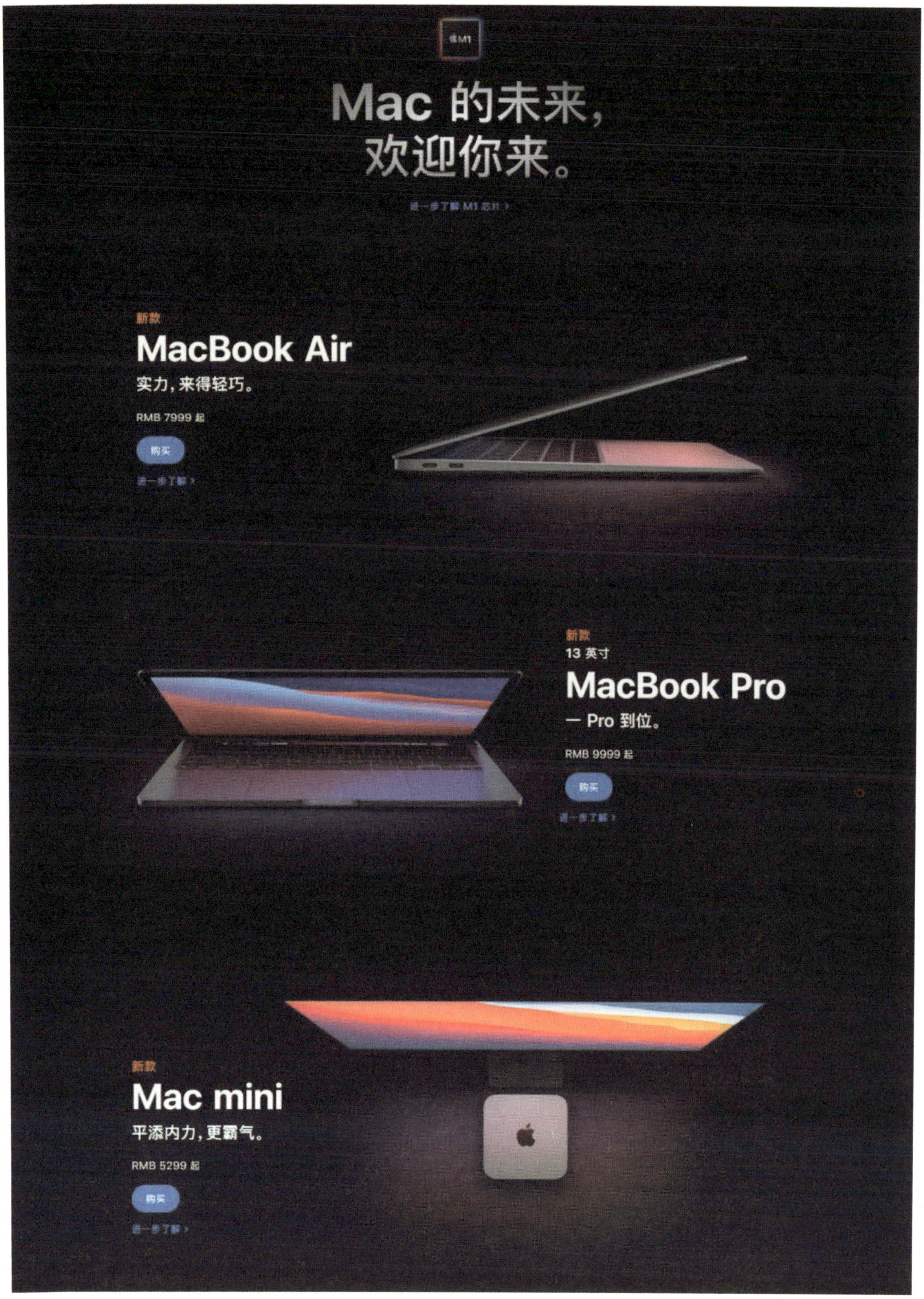

▲ 图 4-3-1　Apple 产品界面设计

2. 根据目标消费群体选择

要实现一个版面设计准确传递信息、获取目标消费群体的关注，消费者是必须考虑的环节。不同的年龄层次、受教育程度、时代背景等都会带来消费者对色彩的喜好差异。例如，针对儿童的版面设计，色彩搭配一般会比较鲜艳，这样能充分吸引儿童的注意力，因为儿童与生俱来就喜爱活泼、明亮的色彩。图 4-3-2 是日本 Obama-Kodomoen 幼儿园的界面设计，整个界面造型采用了卡通造型，色彩采用了充满阳光与活力的橙色和黄色，从而符合幼儿园的主题。

▲ 图 4-3-2　Obama-Kodomoen 网页界面设计

3. 根据设计风格选择

不同的版面设计风格，会带来不同的色彩选择方法。如赛博朋克风格，一般会选择蓝色和紫色调。图 4-3-3 是黄海为电影《黄金时代》所设计的海报，为了与电影主题相符，采用了水墨的形式进行展现，整个色调以黑色、白色、金色这样的无彩色为主。

▲ 图 4-3-3　电影《黄金时代》海报

四、版式设计中色彩的搭配法则

1. 同类色搭配

同一色相不同纯度的色彩组合，调整其饱和度和透明度来控制颜色的深浅，称为同色系搭配。这样的色彩搭配由于颜色变化较少，版面风格显得简洁干练、和谐统一，同时又具有层次感。图 4-3-4 为宜家的网页界面设计，将色调相同的图片用网格的形式呈现，显得清新、干净。

▲ 图 4-3-4　宜家的网页界面设计

2. 邻近色搭配

所谓邻近色，就是在色相环中相距 60° 、相邻近的颜色，有一致的冷暖性质、一致的感情特性以及和谐统一的色调。蓝色和紫色、红色和黄色是较常用的邻近色；邻近色的搭配能够给人以和谐的视觉感受。图 4-3-5 是华为的网页界面设计，图形的处理上采用了与 logo 类似的红色与黄色的渐变色，使画面协调、美观。

▲ 图 4-3-5　华为的网页界面设计

3. 对比色搭配

所谓对比色，是指色相环上间隔 120° 左右的两种颜色。同时，任何颜色的明度变化都具有对比色的关系，如红、蓝、黄之间的搭配，都属于对比色。对比色的搭配需要把握色彩的面积、明度、纯度等变化，才能够营造出一个对比中不失和谐的版面效果。图 4-3-6 为潘虎包装设计实验室所做的包装作品，以蓝绿色为主色调，辅以橙色和黄色作为辅助色，从而使包装既突出了生态的理念，又具有活泼的视觉感受。

▲ 图 4-3-6　竹态包装设计

4. 互补色搭配

所谓互补色，是指色相环上相距 180° 的颜色，蓝色与橙色、红色与绿色以及黄色与紫色互为对比色，用它们来进行的搭配就叫作互补色搭配。它是色相环中对比最强的色彩，比较容易吸引受众的注意力，并且能够营造出具有活泼感、运动感的版面。在使用互补色搭配时，需要注意合理地调整补色之间的关系，可通过补色的面积对比、明度调整、添加中间色等方式，使互补色的版面设计更加美观、协调。图 4-3-7 为阿迪达斯的网页界面设计，在色彩处理上，采用了蓝色与橙色、红色与绿色的补色搭配方法，将这两组对比色用面积对比的形式，营造出了一个具有运动感的界面。

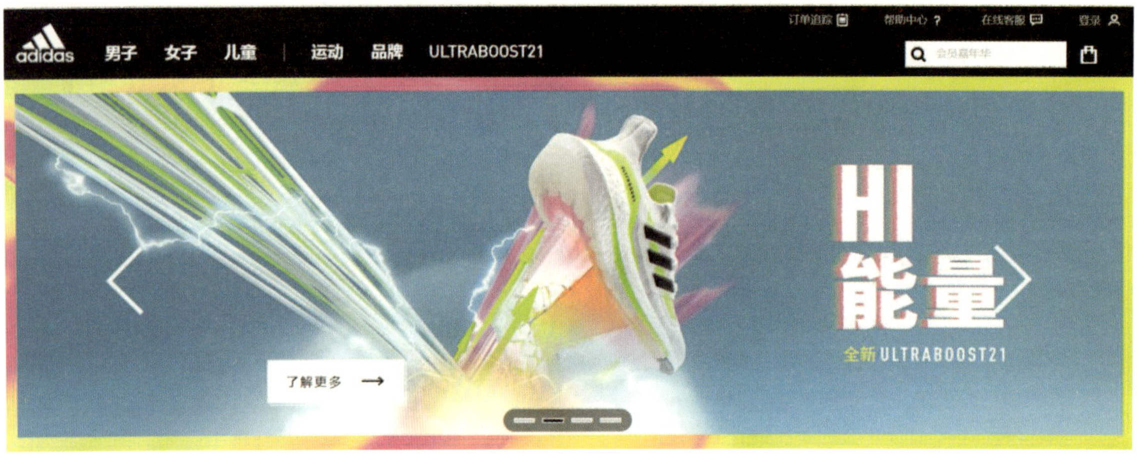

▲ 图 4-3-7　阿迪达斯的网页界面设计

5. 无彩色搭配

无彩色包括黑色、白色、灰色、金色和银色，由于它们明度可以从 0 变化到 100，而彩度接近于 0，所以称作无彩色。无彩色不具有彩度变化，所以搭配任何的有彩色都相对和谐。图 4-3-8 为 senseTean 所设计的讲座海报，整个版面中采用点与线的构成及无色系的搭配，使画面效果和谐而美观。

建筑
2016/7/16
15:00-17:00
弗兰肯斯坦之人造城的故事
张永和
美国注册建筑师
美国建筑师协会会员
非常建筑创始人，主持建筑师
同济大学教授，MIT教授
艺术
2016/7/30
15:00-17:00
空城计
刘小东
中国当代艺术家
中央美术学院油画系教授
建筑+设计
2016/8/13
15:00-17:00
怀想·反思·城市
胡如珊
建筑师，室内设计师
产品设计师
如恩设计研究室创始人
设计共和，如恩制作创始人
文化
2016/8/27
15:00-17:00
失败的改革者
许知远
作家，出版人
单向空间创始人
单向空间CEO
讲座地址：深圳福田区深业上城展示中心4层（深圳福田区皇岗路与笋岗路交汇片北侧）
主办
承办
有方
平面设计
SenseTeam

▲图 4-3-8　讲座海报设计

第四节　风格表现

一、极简风格

极简的版式设计能够给人一种干净、时尚、现代的心理感受。设计时会消除一切不必要的东西，其精髓就是“少即是多”。以简单到极致为追求，是一种设计风格，感官上简约、整洁，品味和思想上更为优雅。这样设计的目的是使内容被突出出来并成为焦点。极简主义版式设计风格体现在图形处理上相对几何化，并且图形、色彩、文字三者的处理都具备简洁的视觉效应。

图 4-4-1 所示这组海报是由日本设计师新村则人设计的，表达的主题是露营场景，画面仅用色彩和几个图形的结合，巧妙构成了人在自然中露营的和谐场景，版式上是一如既往地大量留白，由基本的点、线、面构成，只留有一句文案，十足的极简风，表达的意境十分到位。该组作品获得了由日本平面设计师协会颁布的杂志广告类 JAGDA 奖，代表着日本平面设计的极高水平。

▲ 图 4-4-1　无印良品“露营”系列海报

二、扁平风格

扁平风格是指在版面设计中对图片的处理，如去除各种阴影、纹理等装饰效果和 3D 效果，把整个内容以简约、平面化的方式呈现。常用抽象的几何图形、简洁的文字搭配，来弱化装饰效果对版面信息识别的干扰。扁平风格在视觉上给人以简洁、大方的印象，主次分明，易于识别，整个版面简明清晰，信息传达能力强。图 4-4-2 是 2020 年麦当劳聘请英国品牌设计机构 Pearlfisher 为其重新设计的全新包装视觉系统，整组设计采用了扁平化的处理方法，包装中的排版简约大气、色调鲜明，并且沿袭了麦当劳一贯的品牌形象。

▲ 图 4-4-2　麦当劳的包装设计

三、几何风格

几何风格的版式设计，主要指采用几何形态来处理图形及文字。孟菲斯风格便是比较具有代表性的几何风格，它起源于 20 世纪 60 年代，主张在设计中采用夸张的造型、重复的几何图形、丰富的色彩来进行呈现，在设计中营造出活泼、丰富的视觉效应。图 4-4-3 是米兰某文具品牌的封面设计，该款笔记本产品以冲突的颜色和具有后现代孟菲斯风格引人注目的几何图案为特色。图 4-4-4 为田中一光的海报作品“日本舞蹈”，通过对西方几何构成表现主义和日本本土所崇尚的简洁，找到了东西方艺术设计语言的契合点，并准确地传递了信息。

▲ 图 4-4-3　笔记本封面设计

▲ 图 4-4-4　“日本舞蹈”海报设计

四、2.5 D 风格

2.5D 是一种图形处理方法，所呈现的图形是介于 2D 与 3D 之间的一种视角，即半立体造型。在版式设计中，2.5D 的图形处理看起来具有立体感，色彩处理中一般使用渐变色，并且对图形的处理几乎没有任何装饰性纹样，给受众一种简约、时尚、科技的视觉效应。近几年由于图形处理软件越来越发达，间接促进了 2.5D 风格的发展，成为当下流行的一种设计手法。图 4-4-5 是海尔电器在天猫超级品牌日所设计的海报，在整个版式设计中将空调、热水器、冰箱等图形同构于数字造型中，构建出 2.5D 的视觉效果，向消费者清晰地传递出产品品类和活动时间。

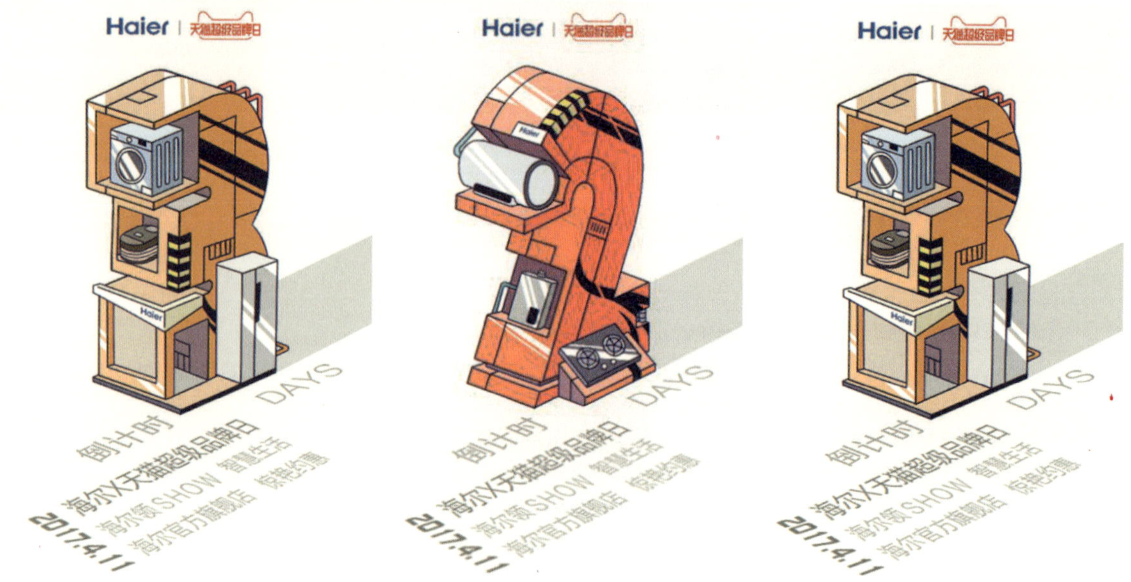

▲ 图 4-4-5　海尔海报设计

五、古典风格

古典风格有许多的分类，常按照地域来区分，可以分为欧式古典风格、美式古典风格、中式古典风格、新古典风格等。这几种风格运用到版面设计中，主要的方法是根据设计需求，将具有代表性的古典元素运用至版面中，从而营造出具有古典韵味的画面效果。如中式古典风格，通常会采用一些传统吉祥图案、书法字体、传统配色等作为设计要素。图 4-4-6 是书籍《南京云锦》的封面版式设计，图形上选取了云锦中具有代表性的纹样作为主要呈现要素，字体上采用老宋体，色彩以黄色为主色调，既彰显了云锦“寸锦寸金”的珍贵，又突出了云锦的历史文化韵味。图 4-4-7 是电影《中国药神》的概念海报，以“佛手拈花”为主要视觉形象，画面中佛手轻轻拈着一颗现代的药物胶囊，而在繁复的装饰风格中，隐藏着无数托举着的小手，或许是无数等待被爱救赎的渴望，让人禁产生好奇，猜测电影的题材与类型。

▲ 图 4-4-6　书籍《南京云锦》封面设计

▲ 图 4-4-7　电影《中国药神》概念海报

六、卡通风格

卡通是一种绘画形式，起源于 17 世纪的欧洲，在我国由 20 世纪初期开始出现并发展延续至今，指的是采用风格简练、充满幽默、夸张变形的绘画语言来呈现意图的一种方式，需要创作者有较强的美术功底、能够熟练地从自然形中提取有特点的造型色彩等进行再创造。在版式设计中，卡通风格版面主要体现在对图形的设计及使用上，采用此风格排版，主要可以从产品特性、受众群体、设计创意几方面考虑。图 4-4-8 是黄海为电影《龙猫》设计的海报，采用夸张的手法，将龙猫的局部图形放大，再将人物形象置于其间，既体现了电影主题性，又颇具特色。图 4-4-9 是上海电影节海报设计，主视觉灵感来源于上海美术电影制片厂出品的影片《大闹天宫》，拉开的水幕既是影片中经典场景的变形，又像电影节即将拉开的帷幕，画面色彩鲜明，形象生动，在致敬广大幕后电影工作者的同时，完美诠释了本届电影节海报的主题“创生万象，幕后为王”。

▲ 图 4-4-8　电影《龙猫》海报设计

▲ 图 4-4-9　上海电影节海报设计

七、动态风格

动态风格是基于一定的静态基本视觉元素，通过动画软件再将其设计成一种在特定时间内，会发生运动和变化的图形结果。动态设计作为当下的创作形式和载体，被越来越多地应用到各个领域，成为设计的重要趋势之一，在版式设计领域同样如此。设计者可以对版式中图形、文字等要素进行动态化处理，从而给受众耳目一新的视觉感受，并且合理的动态设计能够很好地吸引受众注意力。图 4-4-10 是西安美术学院的毕业展览海报设计，将水彩笔触用动态的形式进行呈现，相较于静态的海报，能更容易地吸引受众注意。

▲ 图 4-4-10　西安美术学院海报设计

八、其他风格

设计风格会随着人们的审美变化、技术变化、需求变化等发生转变，版式设计风格同样随着这几个要素的变化在不断发生转变。所以，作为设计师，应该紧跟社会发展趋势或主动引领设计潮流，从而派生出更多具有创新价值的版式设计风格，如近几年使用较多的赛博朋克风格、故障风格等（图 4-4-11、图 4-4-12）。

▲ 图 4-4-11　电影《阿丽塔：战斗天使》海报

▲ 图 4-4-12　电影《攻壳机动队》海报

本章小结

在一个版面中，文字是最准确的信息传递方式，对字体、字号、信息层级等要素的合理处理，能够有效地突出版面的重点信息，提升阅读效率。图片的处理和编排，能够有效地辅助文字信息的传递，它基本不受地域或国别的限制，视觉表现力较强。在人的视觉中，色彩往往是最容易被关注的，并且直接影响受众的内心感受。所以，只有掌握不同色彩的属性，以及对版式设计方法的合理运用，才能够设计出准确传递版面情感或调性的作品。

文字、图片、色彩往往在版式设计中有着不可或缺的地位，三者的合理编排便能形成不同的版式设计风格。因此，这三者是一种相辅相成的关系。通过对日常设计的观察不难发现，随着时代的进步、受众需求的变化、科学技术的运用、传播载体的变化等，艺术设计的风格便会受其影响而发生改变，版式设计亦是如此。所以，掌握已有的设计风格，并跟随时代潮流而探索新的设计风格，是成为一名优秀设计师的必修课！

课后习题

1. 如果为北京冬季奥运会做海报设计，适合用什么类型的字体，并说明原因？
2. 在版式设计中，文字与图片的作用有何异同？
3. 版式设计是否还有其他的风格，请举例说明。

CHAPTER

5

『大象无形』——版式设计的应用与延伸

| 本章概述 |

本章是对版式设计的应用范围进行归纳，作品范畴从传统的纸质媒介到电子版面，再向空间延伸，媒介的变革让版式的形式发生了翻天覆地的变化。

| 学习目标 |

通过本章的学习，学生了解版式设计的形式是包罗万象的，可以涵盖所有视觉设计的范围，激发学生对未知的视觉设计领域的好奇心和创造力。

第一节　传统媒介中的版式设计

版式设计被称为视觉设计的基础，也是视觉传达设计专业核心课程之一。其应用的范围非常广阔，从呈现的不同形式来讲，版式设计从最初的传统媒介（纸媒体）、数字媒体版式发展到如今涵盖空间版式，体现了社会文明不断进步和传播媒介的技术革新。

从版式设计的对象来看，包含传统的书籍、报纸、期刊、杂志、名片等，与当下流行的网页、移动端的 APP 界面，以及一些数字平台的显示屏等，生活中处处充满版式设计带给人们的惊喜。

【词语】名片。

【解释】是标示姓名及其所属组织、公司单位和联系方法的纸片。

名片是社会交际中一个常见又有效的媒介，对于企业来说，Logo、名片这两样几乎是必不可少的。虽然是简单的信息传达工具，但往往会起到重要的作用。尤其是作为设计师或是业务员，为了给客户留下深刻的印象，拥有一张设计独特或有吸引力的名片十分重要。

名片的标准尺寸包括：90mm × 54mm、90mm × 50mm、90mm × 45mm，但是加上出血上下左右各 2mm，所以制作尺寸必须设定为：94 × 58mm、94mm × 54mm、94mm × 49mm。如果成品尺寸超出一张名片的大小，则需要注明所要的正确尺寸，上下左右也是各 2mm 的出血。

名片的色彩模式为 CMYK，电子稿分辨率在 300dpi 以上（图 5-1-1）。

▲ 图 5-1-1　名片版式设计

小知识

横版：90mm × 55mm< 方角 > 85mm × 54mm< 圆角 >

竖版：50mm × 90mm< 方角 > 54mm × 85mm< 圆角 >

方版：90mm × 90mm，95mm × 95mm

【词语】海报。

【解释】海报这一名称，最早起源于上海，旧时的海报是用于戏剧、电影等演出活动的招贴。正规的海报中，通常包括活动的性质、主办单位、时间、地点等内容，多用于影视剧和新品宣传，利用图片、文字、色彩、空间等要素进行完整的结合。海报还是户外广告类型之一，通常分布在各街道、影剧院、展览会、商业闹区、车站、码头、公园等公共场所，国外也称之为“瞬间”的街头艺术。招贴相比其他广告形式，具有画面大、内容广泛、艺术表现力丰富、远视效果强烈的特点。

海报的标准尺寸包括：13cm × 18cm、19cm × 25cm、42cm × 57cm、50cm × 70cm、60cm × 90cm、70cm × 100cm、42cm × 57cm、50cm × 70cm 等。

其中，较为常用的宣传海报和商用海报的尺寸为 50cm × 70cm 和 57cm × 84cm（图 5-1-2 至图 5-1-5）。

▲ 图 5-1-2 “色弱者”公益海报招贴设计

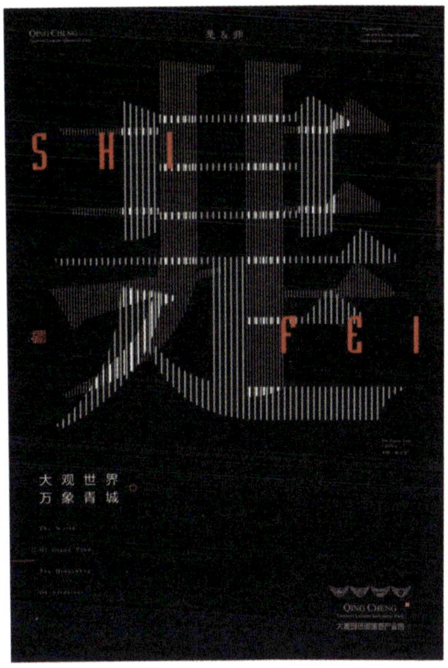

▲ 图 5-1-3 大青城休闲旅游产业园海报招贴设计

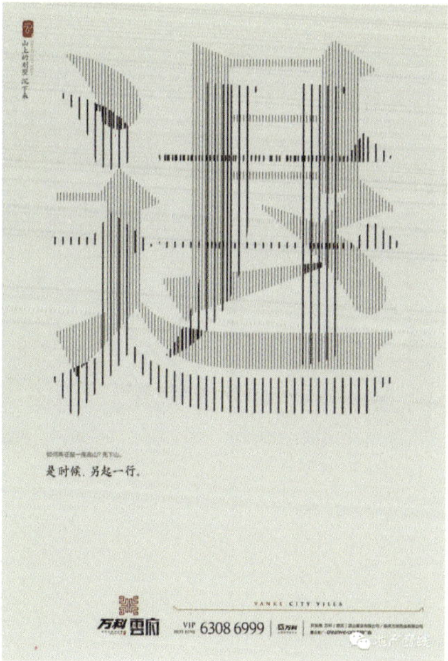

▲ 图 5-1-4 万科集团海报招贴设计

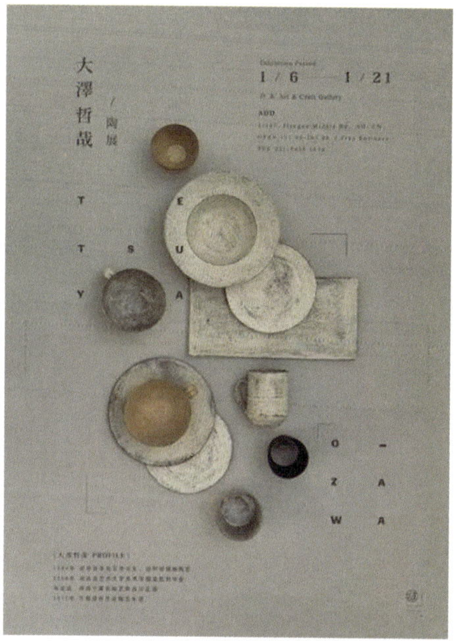

▲ 图 5-1-5 陶展海报招贴设计

【词语】包装。

【解释】包装是为了在流通过程中保护产品、方便储运、促进销售，按一定的技术方法所用的容器、材料和辅助物、工艺操作活动等的总和。一般来说。商品包装应该包括商标或品牌、形状、颜色、图案和材料等要素（图 5-1-6 和图 5-1-9）。

▲ 图 5-1-6 TRATA 包装设计

▲ 图 5-1-7 系列包装版式设计

▲ 图 5-1-8　系列包装版式设计

▲ 图 5-1-9　包装中的版式设计

包装不是纯粹平面的设计，它包含几个立面造成的盒型、材质选用等综合设计的考量，在包装设计中，不但有类似书籍封面的主题版面设计，还有辅助信息陈列的多面宣传单，不同的功能属性决定了不同的版式设计要点。

传统媒体，特别是印刷类的版式，设计品种繁多，目前发展趋势依然稳健，但更多、更新的版式承载物，随着社会不断变革，以及信息传播技术的革新而层出不穷。

第二节　新媒介中的版式设计

一、PC 终端网页设计

【词语】网页设计。

【解释】网页设计（web design，又称 Web UI design，WUI design，WUI），是其主体对象希望向浏览者传递的数字媒体信息平台。绝大部分的网页都是通过电子媒介，如电脑等屏幕浏览作为设计尺寸的标准，而网页通常采用滚动式浏览的模式，因此在网页的版式设计中，首先要考虑的就是尺寸的规范。通常我们只需要设定宽度，而高度则根据网页内容的多少随机而定。我们可以将传统的网页页面的宽度，设定在电脑显示屏幕有效范围及精度的允许范围之内即可。精美的网页设计，对于提升主体品牌视觉形象至关重要。在设计和实现 PC 端网页时，我们通常选用 1200px 宽度作为安全区域的设计标准。这主要取决于目前市面上的设备的主流分辨率及栅格概念的出现。

根据百度流量研究院的最新数据显示，2019 年 10 月，我国网民访问 PC 网页的主流设备分辨率仍然为 1920 × 1080，占比为 42.94%。很显然，绝大部分的屏幕分辨率都已经超过了 1366 × 768，在适配网页时则不需要对 1366 宽度以下的尺寸做特殊处理。可见，1920px 仍是 PC 端网页设计的标准。

▲ 图 5-2-1　中国科学院档案馆网页版面

小知识

需要注意的是，在设计网页时，不能够将页面的实际显示内容的区域（也称作安全区）等同于该尺寸上限。原因是考虑到在 Windows 等部分浏览器上，滚动条本身也需要占据一定的宽度，因此，过分的贴边或是接近于整屏幕宽度的设计是不被推荐的。

网页设计的类型主要分为：功能型网页设计（服务网站 &B/S 软件用户端，如图 5-2-1 所示）、形象型网页设计

（品牌形象站，如图 5-2-2 所示）、信息型网页设计（门户站）。

▲ 图 5-2-2　德国 pixelfreakx.web 作品欣赏

设计网页的目的不同，版式需要着重表现的内容也有区别。但网页设计作为一种视觉语言，特别讲究编排和布局，虽然主页的设计不能等同于平面设计，但它们的确有许多相近之处。

二、移动终端手机 APP 的界面设计

【词语】界面设计。

【解释】界面设计是指对软件的人机交互、操作逻辑、界面美观的整体设计。手机界面设计是个复杂的、有不同学科参与的工程，其中最重要的两点的就是产品本身的 UI 设计和用户体验设计，只有将两者完美融合，才能打造出优秀的作品。

清晰的导航，快速、有效的信息传达，整体视觉体验的提升等，都是设计师要专注的领

域。版式设计如何结合 APP 界面规范，实现用户满意的设计，也许正是版式设计的未来趋势（图 5-2-3、图 5-2-4）。

▲ 图 5-2-3　移动终端手机 APP 界面欣赏（一）

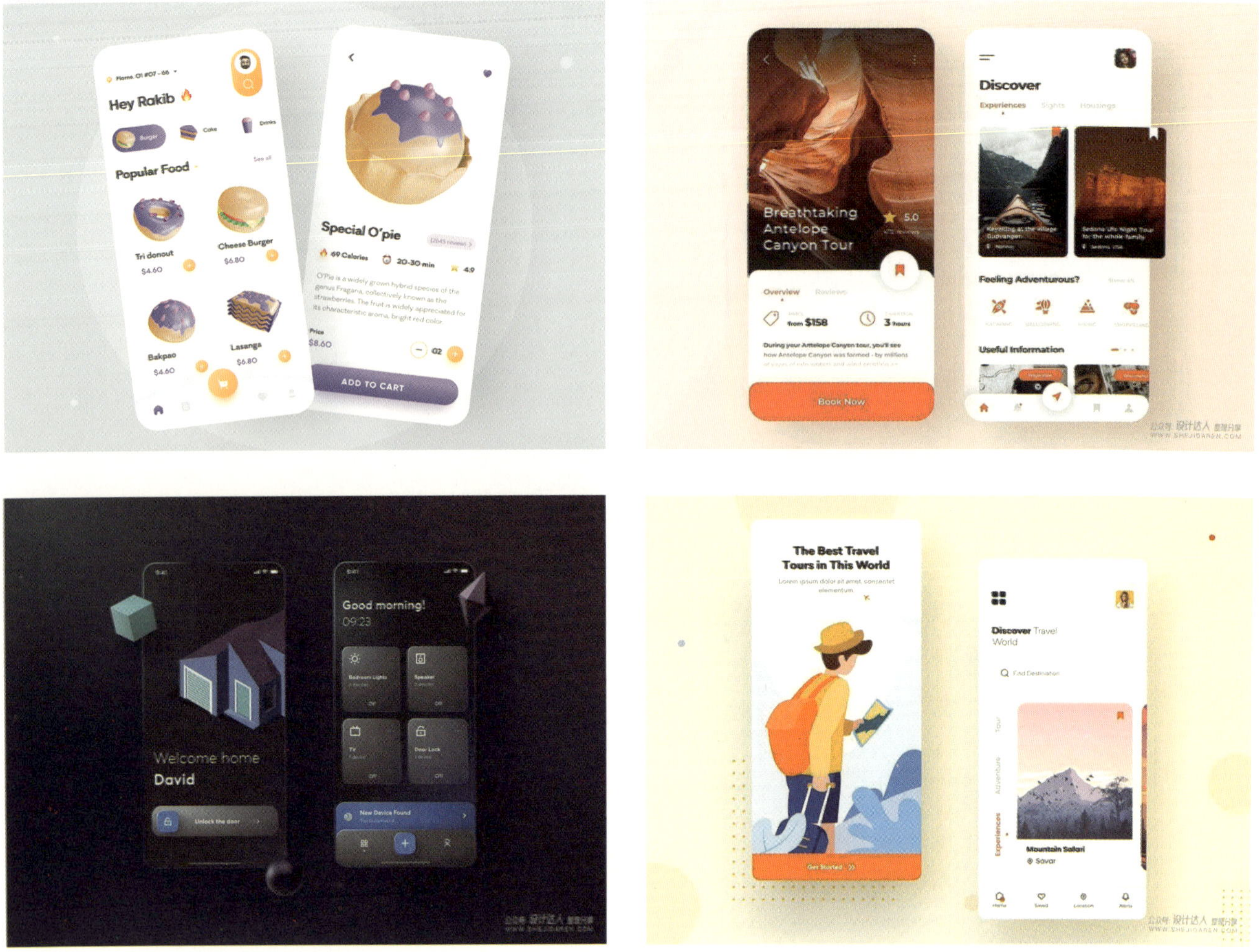

▲ 图 5-2-4　移动终端手机 APP 界面欣赏（二）

第三节　空间中的版式设计

一、展示陈列

【词语】展示陈列。

【解释】整体陈列是指将整套商品完整地向顾客展示的陈列方法。展示陈列是艺术设计范畴中的一项重要内容，尤其在进入信息化时代的今天，大量具有地域传统的事物、具有文化积淀的现象，都需要在特定的空间中介绍和传递、推介。在版式设计中，空间的运用及各种元素的编排放置是设计的精髓，空间是以形态的方式而存在的，基本要素是由抽象化的点、线、面、体所组成，不同的人对空间的知觉或感应是不同的，同样也会产生不同的立场和感受，也称为"心理空间"。空间力场，就是在版面被分割或限定的情况下，才会产生的视觉感应。

日本著名建筑师在版式设计中，空间力场表现在点、线、面在限定版面内的有序组合，它们之间关于均衡、统一、和谐、对比等传统形式美法则是以"力场"的形式呈现的。在空间陈列中，往往会巧妙地运用版式设计原理，实现空间中的分割，凸显视觉美感，加深品牌印象。

日本著名建筑设计师隈研吾为西班牙鞋履品牌 Camper 在巴塞罗那的店铺做翻新设计，商店面向加泰罗尼亚广场，采用了拱形陶瓷板，将其用重复的构成形式进行排列，具有较强的视觉冲击力（图 5-3-1）。

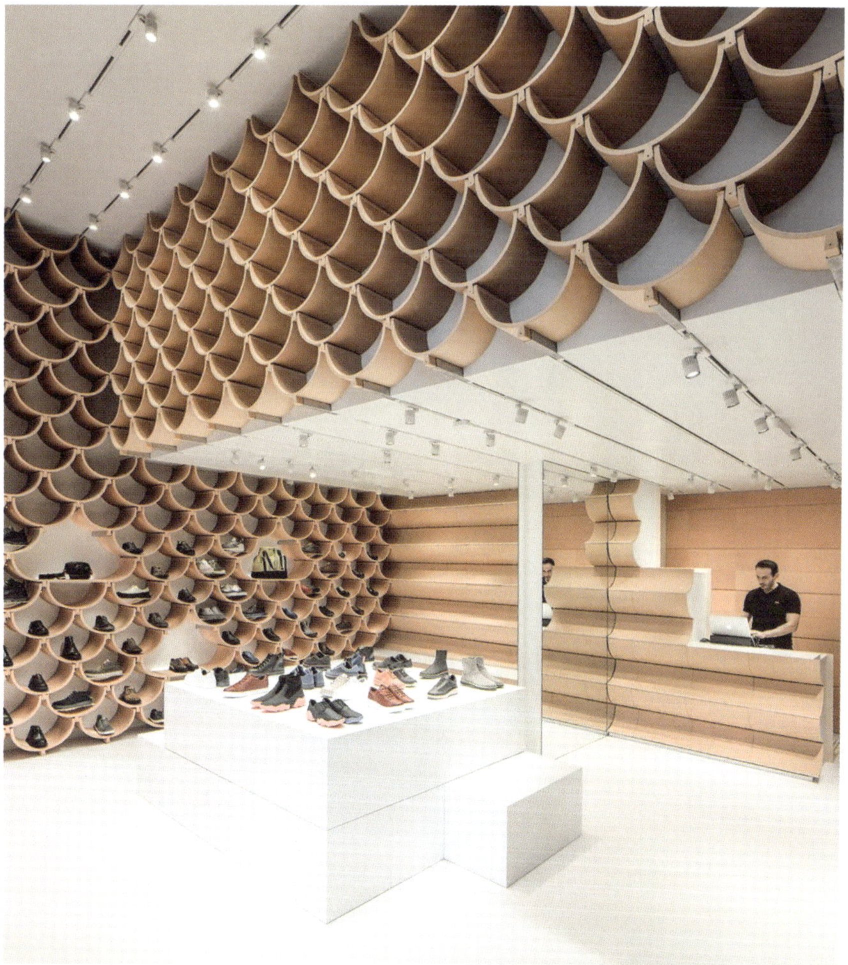

▲ 图 5-3-1　巴塞罗那 Camper 店铺展示空间设计

法国奢侈品牌 Louis Vuitton 的橱窗设计，设计师使用车厘子堆叠出一个具有层次感的版面，字体采用居中的方式，将产品置于其间，美观又不失创意（图 5-3-2）。

▲ 图 5-3-2　Louis Vuitton 橱窗陈列设计

维也纳 Steffl 百货圣诞橱窗设计，此次设计以童话为主题，打造出了一个爱丽丝仙境的场景。整体设计使用山峦、飞鸟等元素，营造出了一个具有层次感的画面，并将产品置于其间，既协调、美观，又错落有致（图 5-3-3）。

▲ 图 5-3-3　维也纳 Steffl 百货圣诞橱窗设计

在 Dior 秋冬季高级成衣发布会的橱窗陈列设计中，版面中主要使用抽象的点、线、面综合构成，品牌包和鞋子陈列在椭圆的金属球内，凸显了该品牌高贵的调性（图 5-3-4）。

▲ 图 5-3-4　Dior 橱窗陈列设计

图 5-3-5 为 2015 年度欧洲街头最美橱窗设计作品之一，橱窗内的整体构图、色调和质感充分彰显品牌华美、优雅的特点。

▲ 图 5-3-5　2015 年欧洲街头最美橱窗设计

爱马仕的橱窗“爱马仕剧场”，自 2001 年 6 月就没有中断过（图 5-3-6）。

▲ 图 5-3-6　第 100 期“爱马仕剧场”橱窗设计

由国际上知名的设计师，每两个月参与设计爱马仕剧场的展示内容，向顾客介绍爱马仕独特的世界观，爱马仕的橱窗，已经成为世界顶级艺术家和设计师呈现作品的舞台（图 5-3-7）。

▲ 图 5-3-7　2017“物体的知觉”橱窗设计

图 5-3-7 所示的橱窗中，设计师用折纸包装纸创造出一个三维的玩具屋，当你窥视其中，就会有意想不到的事情发生……

二、导视系统

【词语】导视系统。

【解释】导视系统是传统建筑设计与视觉传达的中间学科。在现代城市生活中，对人与环境的信息关系要求越来越高，小到一幢写字楼，大到一个区域甚至一座城市，都要求有科学和人性化的导航设计，导视牌在不同的空间中，其风格、功能、尺寸都要有所不同，所以版式设计时也需要考虑各个元素的灵活变化，在细节中体现设计的精巧和人文关怀。

例如，塞纳河音乐厅导视系统设计，该音乐厅总占地约 3400 平方米，囊括古典、流行等多个音乐种类。它的导视系统由 Hara Design Institute 负责标识系统设计，整个导视系统布局清晰、颜色与建筑外观协调统一（图 5-3-8、图 5-3-9）。

▲ 图 5-3-8　塞纳河音乐厅导视系统设计（一）

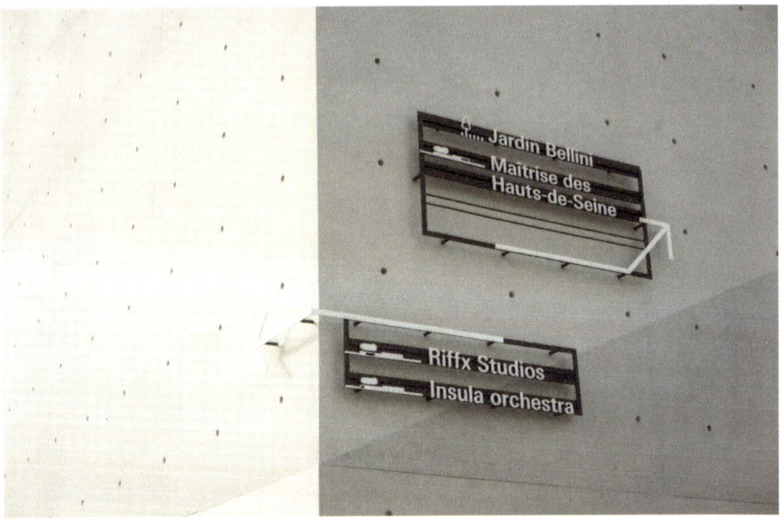

▲ 图 5-3-9　塞纳河音乐厅导视系统设计（二）

再如，岐阜媒体中心又被命名为“大家的森林”。这是由日本当代建筑师伊东丰雄先生设计，内有图书馆和交流中心的综合设施的导视系统策划；由原研哉设计研究室负责标牌策划设计，在由三轴织物做成的巨大伞形结构下贴上图形，作为空间认知的立足点，可以俯瞰整个空间的立体地图，在漆布上进行镶嵌的地面方向指示标识，无论从哪个方向看都是圆形的标识牌等，实现了与建筑空间的一体化，在空间关系中精巧地应用到视觉原理和形式美的构成关系，完成了版式设计的空间转换（图 5-3-10 至图 5-3-16）。

▲ 图 5-3-10　岐阜媒体中心公共图书馆标识系统设计（一）

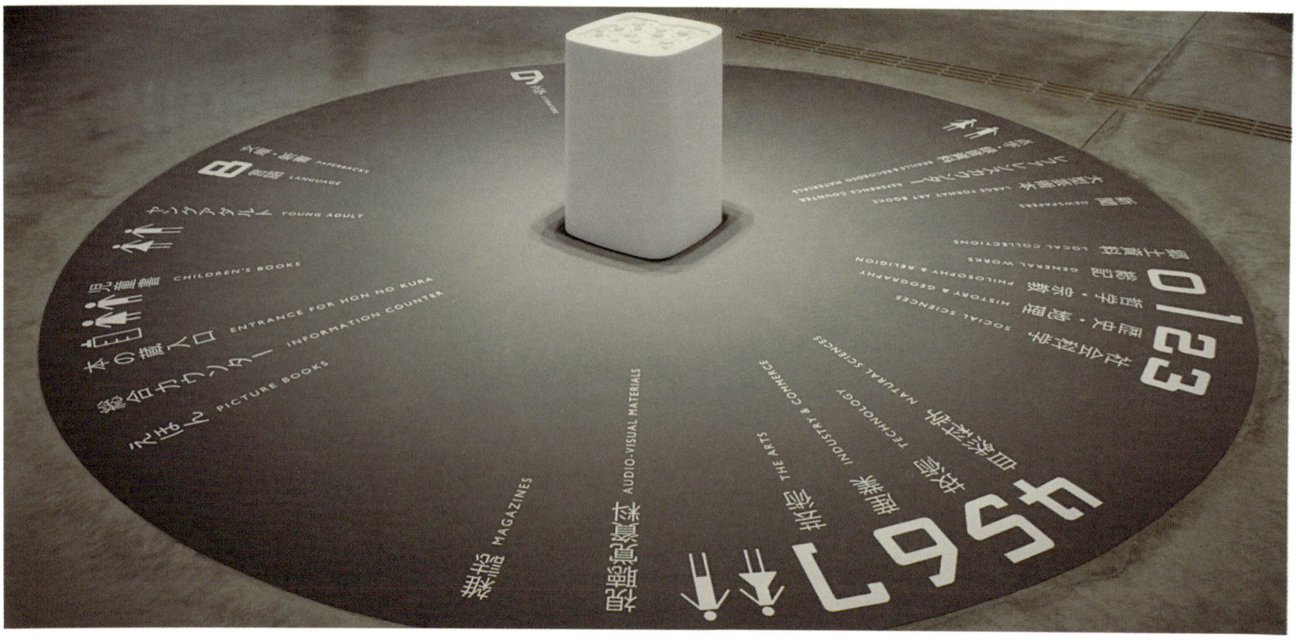

▲ 图 5-3-11　岐阜媒体中心公共图书馆标识系统设计（二）

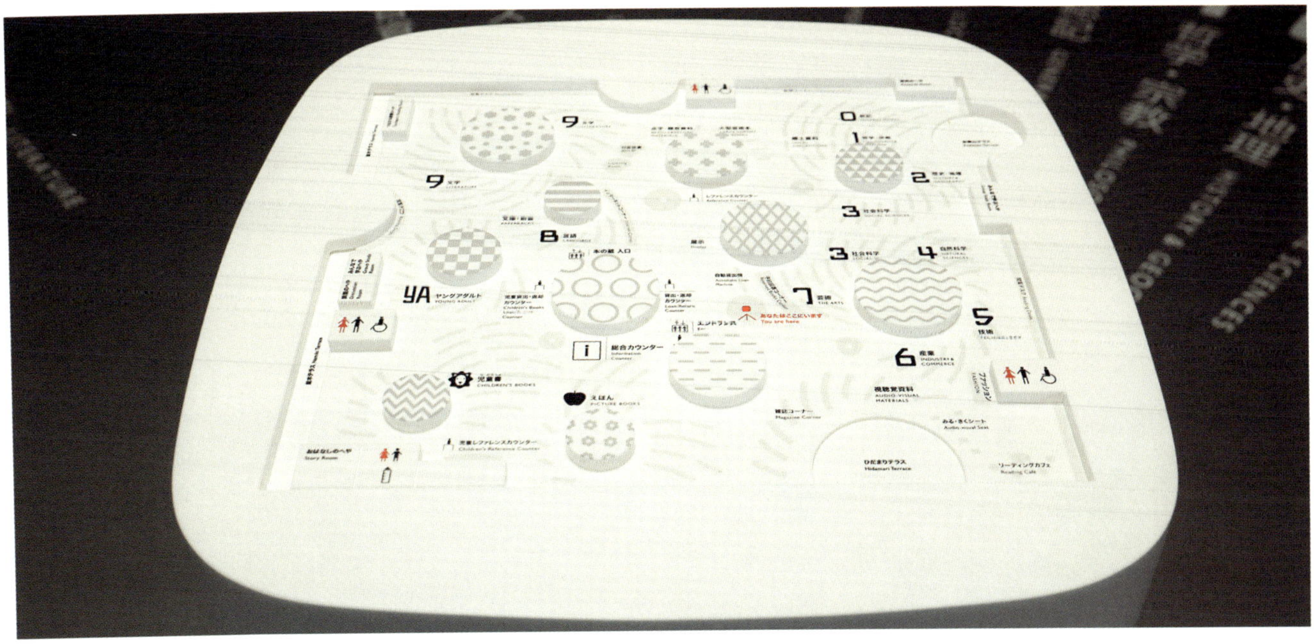

▲ 图 5-3-12　岐阜媒体中心公共图书馆标识系统设计（二）

▲ 图 5-3-13　岐阜媒体中心公共图书馆标识系统设计（四）

▲ 图 5-3-14　岐阜媒体中心公共图书馆标识系统设计（五）

▲ 图 5-3-15　岐阜媒体中心公共图书馆标识系统设计（六）

▲ 图 5-3-16　岐阜媒体中心公共图书馆标识系统设计（七）

本章小结

工业革命以来，变革成为社会常态，设计从最初的无关紧要，到服务于人的需求，再进化到产业进程的高峰，设计为经济的提升和品牌的溢价做出了不可忽视的贡献。但是，随着信息化社会的发展，设计如何应对未来的挑战，如何设计“设计”本身，如何完善人的人格与尊严，如何在沟通中成为催化剂，如何重建私人精神领域的价值感，如何引导人与自然高度和谐的可持续发展……这些都是探索设计与设计教育未来的道路。

未来已来，愿设计有更多可能。

课后习题

1. 列举包装设计的版面特点与常规二维平面版式设计特色有什么区别？
2. 简述海报设计中创意思维的重要性，理解创意与设计主题的关联性。
3. 你认为版式设计的未来趋势会有哪些变化？

后 记

“精雕细琢方为器，千锤百炼始成钢”，书稿从最初的构想到付梓，历经近 20 个月的“雕琢”，其虽朴质但我仍敝帚自珍，因它承载了太多心血和同仁们的鼎力支持，同时也使重庆市高等教育教改重点项目（项目编号：202117）“基于‘SPOC’模式的艺术设计类在线开放课程效能实证研究”的步伐更加坚实。首先感谢重庆人文科技学院领导们对教学研一体化的重视，特别感谢双海军教授等专家学者从最初专业课程群教学改革政策导向，到后期在线精品课程的研发和录制，以及后续立体化教材配套工作，每一步都给予了极大支持。感谢建院张雄院长、唐湘晖副院长等学院领导对视觉传达设计专业课程建设改革过程探索的肯定和包容。感谢教材编写过程中，能求得我的老师段运冬教授（西南大学美术学院）、杨仁敏教授（四川美术学院）等专家斧正；感谢线上开放课程《版式通过设计》全体课程组成员王越、高彦彬、苏丹玲、刁颖老师共同奋斗，铭记我们磨课、录课的 60 多个日日夜夜；感谢陶玉涓老师在共同编写教材时的付出，还有使本教材得以顺利出版的出版社所有工作人员，以及为本书提供素材的优秀版式设计作品的设计者们，在此一并致以最诚挚的谢意。

编 者

参考文献

[1] 原研哉 . 设计中的设计 [M]. 山东：山东人民出版社，2006.
[2] 陈晗 . 版式设计 [M]，重庆 : 西南师范大学出版社，2016.
[3] 王斐 . 版式设计与创意 [M]，北京：清华大学出版社，2017.
[4] 葛芳，陈绘 . 版式设计 [M]，上海 : 上海人民美术出版社，2020.
[5] 胡卫军 . 版式设计从入门到精通 [M]. 北京：人民邮电出版社，2020.
[6] 白雪 . 视觉传达中的版式创意设计与应用研究 [M]. 北京：地质出版社，2017.
[7] 汉斯・鲁道夫・波斯哈德 . 版面设计网格构成 [M]. 北京：中国青年出版社，2005.
[8] 佐佐木刚士 . 版式设计原理 [M]. 北京：中国青年出版社，2007.